U0324293

同济博士论丛
TONGJI Dissertation Series

总主编 伍江　副总主编 雷星晖

刘海亮　祝　建　朱健康　著

拟南芥中RNA指导的
DNA甲基化

RNA-directed DNA Methylation in
Arabidopsis Thaliana

同济大学出版社
TONGJI UNIVERSITY PRESS

内 容 提 要

　　DNA 甲基化是一个保守的表观机理,在维持基因组稳定和器官发育方面起到非常重要的作用。本书通过实验得到了部分数据,通过筛选 ros1 的抑制子,确定了 RDM1、RDM3、RDM4 是 RdDM 受体复合体中的新成员,在连接与沉默复合体相关联的小RNA 功能与先前存在或者重新胞嘧啶甲基化中起到至关重要的作用。

图书在版编目(CIP)数据

　拟南芥中 RNA 指导的 DNA 甲基化 / 刘海亮,祝建,朱健康著. —上海:同济大学出版社,2017.8
　(同济博士论丛 / 伍江总主编)
　ISBN 978 - 7 - 5608 - 7024 - 3

　Ⅰ. ①拟… Ⅱ. ①刘… ② 祝… ③朱… Ⅲ. ①脱氧核糖核酸–甲基化–研究　Ⅳ. ①Q523

　中国版本图书馆 CIP 数据核字(2017)第 093849 号

拟南芥中 RNA 指导的 DNA 甲基化

刘海亮　　祝　建　　朱健康　著
出 品 人　华春荣　　责任编辑　陈红梅　胡晗欣
责任校对　徐春莲　　封面设计　陈益平

出版发行　同济大学出版社　　www.tongjipress.com.cn
　　　　　(地址:上海市四平路 1239 号　邮编:200092　电话:021 - 65985622)
经　　销　全国各地新华书店
排版制作　南京展望文化发展有限公司
印　　刷　浙江广育爱多印务有限公司
开　　本　787 mm×1092 mm　　1/16
印　　张　7.25
字　　数　145 000
版　　次　2017 年 8 月第 1 版　　2017 年 8 月第 1 次印刷
书　　号　ISBN 978 - 7 - 5608 - 7024 - 3

定　　价　42.00 元

"同济博士论丛"编写领导小组

组　　　长：杨贤金　钟志华

副　组　长：伍　江　江　波

成　　　员：方守恩　蔡达峰　马锦明　姜富明　吴志强
　　　　　　徐建平　吕培明　顾祥林　雷星晖

办公室成员：李　兰　华春荣　段存广　姚建中

"同济博士论丛"编辑委员会

总 主 编：伍 江

副总主编：雷星晖

编委会委员：（按姓氏笔画顺序排列）

袁万城	莫天伟	夏四清	顾　明	顾祥林	钱梦騄
徐　政	徐　鉴	徐立鸿	徐亚伟	凌建明	高乃云
郭忠印	唐子来	阎耀保	黄一如	黄宏伟	黄茂松
戚正武	彭正龙	葛耀君	董德存	蒋昌俊	韩传峰
童小华	曾国苏	楼梦麟	路秉杰	蔡永洁	蔡克峰
薛　雷	霍佳震				

秘书组成员：谢永生　　赵泽毓　　熊磊丽　　胡晗欣　　卢元姗　　蒋卓文

总　序

　　在同济大学 110 周年华诞之际,喜闻"同济博士论丛"将正式出版发行,倍感欣慰。记得在 100 周年校庆时,我曾以《百年同济,大学对社会的承诺》为题作了演讲,如今看到付梓的"同济博士论丛",我想这就是大学对社会承诺的一种体现。这 110 部学术著作不仅包含了同济大学近 10 年 100 多位优秀博士研究生的学术科研成果,也展现了同济大学围绕国家战略开展学科建设、发展自我特色,向建设世界一流大学的目标迈出的坚实步伐。

　　坐落于东海之滨的同济大学,历经 110 年历史风云,承古续今、汇聚东西,秉持"与祖国同行、以科教济世"的理念,发扬自强不息、追求卓越的精神,在复兴中华的征程中同舟共济、砥砺前行,谱写了一幅幅辉煌壮美的篇章。创校至今,同济大学培养了数十万工作在祖国各条战线上的人才,包括人们常提到的贝时璋、李国豪、裘法祖、吴孟超等一批著名教授。正是这些专家学者培养了一代又一代的博士研究生,薪火相传,将同济大学的科学研究和学科建设一步步推向高峰。

　　大学有其社会责任,她的社会责任就是融入国家的创新体系之中,成为国家创新战略的实践者。党的十八大以来,以习近平同志为核心的党中央高度重视科技创新,对实施创新驱动发展战略作出一系列重大决策部署。党的十八届五中全会把创新发展作为五大发展理念之首,强调创新是引领发展的第一动力,要求充分发挥科技创新在全面创新中的引领作用。要把创新驱动发展作为国家的优先战略,以科技创新为核心带动全面创新,以体制机制改革激发创新活力,以高效率的创新体系支撑高水平的创新型国家建设。作为人才培养和科技创新的重要平台,大学是国家创新体系的重要组成部分。同济大学理当围绕国家战略目标的实现,作出更大的贡献。

大学的根本任务是培养人才,同济大学走出了一条特色鲜明的道路。无论是本科教育、研究生教育,还是这些年摸索总结出的导师制、人才培养特区,"卓越人才培养"的做法取得了很好的成绩。聚焦创新驱动转型发展战略,同济大学推进科研管理体系改革和重大科研基地平台建设。以贯穿人才培养全过程的一流创新创业教育助力创新驱动发展战略,实现创新创业教育的全覆盖,培养具有一流创新力、组织力和行动力的卓越人才。"同济博士论丛"的出版不仅是对同济大学人才培养成果的集中展示,更将进一步推动同济大学围绕国家战略开展学科建设、发展自我特色、明确大学定位、培养创新人才。

面对新形势、新任务、新挑战,我们必须增强忧患意识,扎根中国大地,朝着建设世界一流大学的目标,深化改革,勠力前行!

万 钢

2017 年 5 月

论丛前言

　　承古续今，汇聚东西，百年同济秉持"与祖国同行、以科教济世"的理念，注重人才培养、科学研究、社会服务、文化传承创新和国际合作交流，自强不息，追求卓越。特别是近20年来，同济大学坚持把论文写在祖国的大地上，各学科都培养了一大批博士优秀人才，发表了数以千计的学术研究论文。这些论文不但反映了同济大学培养人才能力和学术研究的水平，而且也促进了学科的发展和国家的建设。多年来，我一直希望能有机会将我们同济大学的优秀博士论文集中整理，分类出版，让更多的读者获得分享。值此同济大学110周年校庆之际，在学校的支持下，"同济博士论丛"得以顺利出版。

　　"同济博士论丛"的出版组织工作启动于2016年9月，计划在同济大学110周年校庆之际出版110部同济大学的优秀博士论文。我们在数千篇博士论文中，聚焦于2005—2016年十多年间的优秀博士学位论文430余篇，经各院系征询，导师和博士积极响应并同意，遴选出近170篇，涵盖了同济的大部分学科：土木工程、城乡规划学（含建筑、风景园林）、海洋科学、交通运输工程、车辆工程、环境科学与工程、数学、材料工程、测绘科学与工程、机械工程、计算机科学与技术、医学、工程管理、哲学等。作为"同济博士论丛"出版工程的开端，在校庆之际首批集中出版110余部，其余也将陆续出版。

　　博士学位论文是反映博士研究生培养质量的重要方面。同济大学一直将立德树人作为根本任务，把培养高素质人才摆在首位，认真探索全面提高博士研究生质量的有效途径和机制。因此，"同济博士论丛"的出版集中展示同济大学博士研究生培养与科研成果,体现对同济大学学术文化的传承。

"同济博士论丛"作为重要的科研文献资源,系统、全面、具体地反映了同济大学各学科专业前沿领域的科研成果和发展状况。它的出版是扩大传播同济科研成果和学术影响力的重要途径。博士论文的研究对象中不少是"国家自然科学基金"等科研基金资助的项目,具有明确的创新性和学术性,具有极高的学术价值,对我国的经济、文化、社会发展具有一定的理论和实践指导意义。

"同济博士论丛"的出版,将会调动同济广大科研人员的积极性,促进多学科学术交流、加速人才的发掘和人才的成长,有助于提高同济在国内外的竞争力,为实现同济大学扎根中国大地,建设世界一流大学的目标愿景做好基础性工作。

虽然同济已经发展成为一所特色鲜明、具有国际影响力的综合性、研究型大学,但与世界一流大学之间仍然存在着一定差距。"同济博士论丛"所反映的学术水平需要不断提高,同时在很短的时间内编辑出版110余部著作,必然存在一些不足之处,恳请广大学者,特别是有关专家提出批评,为提高同济人才培养质量和同济的学科建设提供宝贵意见。

最后感谢研究生院、出版社以及各院系的协作与支持。希望"同济博士论丛"能持续出版,并借助新媒体以电子书、知识库等多种方式呈现,以期成为展现同济学术成果、服务社会的一个可持续的出版品牌。为继续扎根中国大地,培育卓越英才,建设世界一流大学服务。

伍 江

2017 年 5 月

前　言

　　DNA 甲基化是一个保守的表观机制,在维持基因组稳定和器官发育方面起到非常重要的作用。在植物体中,24 nt 的 siRNAs 结合到受体蛋白 Argonaute 4(AGO4)可以指导通过甲基化酶 DRM2 重新 DNA 甲基化。大部分 siRNAs 是在甲基化的基因组区域产生的,并且 DNA 甲基化是许多的小 RNAs 产生的条件,这就揭示了甲基化 DNA 和小 RNA 的产生是相互关联的。然而,siRNAs 产生的分子机制仍然不清楚。我们在拟南芥的相关研究中发现了一个新的 RNA 指导的 DNA 甲基化(RdDM)的调节因子:RDM1。RDM1 编码一个小蛋白,可以结合单链甲基化的 DNA,与 AGO4、Pol Ⅱ 和 DRM2 在细胞核共定位。失去 RDM1 基因功能的突变体在 RdDM 目标位点区域影响小 RNA 的产生,减少了 DNA 甲基化,解除了这些位点的转录基因沉默。我们的研究结果表明 RDM1 是 RdDM 受体复合体中的一个成员,在连接与沉默复合体相关联的小 RNA 功能与先前存在或者重新胞嘧啶甲基化中起至关重要的作用。尽管 RDM1 和 Pol Ⅴ 在许多核仁周围 siRNA 过程中心的 RdDM 途径目标位点上一起起作用,但是 Pol Ⅱ 是与 RdDM 受体复合体在核质中的目标位点相互起作用,而不是 Pol Ⅴ。

目　录

第1章
绪 论

1.1 RNA 指导的 DNA 甲基化

RNA 指导的 DNA 甲基化(RNA-directed DNA methylation，RdDM)途径是在 1994 年类病毒感染的烟草植物中发现的。转烟草马铃薯纺锤状块茎类病毒基因的烟草在类病毒 RNA－RNA 自我复制以后表现出类病毒甲基化[92]。转录基因沉默是由序列同源于转基因启动子而诱导 DNA 甲基化进而被发现的[70]。在烟草里，这些双链 RNA 被剪切成 23 nt 的小 RNA，指导着这些可遗传的启动子甲基化[64]。在植物中，小 RNA 参与到转录基因沉默(TGS)，类似于小 RNA 诱导的转录后基因沉默(PTGS)。通过正向和反向遗传学分析已经知道了许多参与 siRNA 合成的环节和 RdDM 途径中的成分。

1.2 siRNA 的产生

植物中有 3 类内源 siRNAs，异染色质的 siRNAs(也叫作染色质相关联的 siRNAs 或者重复相关联的 siRNAs)，反式作用 siRNAs 和天然的反义转录的 siRNAs。前者主要启动 TGS，后两者是诱导 PTGS。重复序列，假基因的转录和天然的反义转录本可以通过序列互补形成 dsRNA，而从异染色质位点形成的转录本可以被 RNA 依赖的 RNA 聚合酶(RDRs)转换成 dsRNA。dsRNAs 被核糖核苷酸酶Ⅲ Dicer-like 家族中的酶剪切生成 20～24 nt 的 siRNAs。这些 siRNAs 被注入 Argonaute (AGO)蛋白包含的 RNA 诱导的沉默复合体中(RISC)[34, 45, 61]。通过对拟南芥 rdr 突变体中 SINE 反转座元件 AtSN1 内源 siRNA 产生的分析，表明 siRNA 产生，RDR2 的存在是必需的。rdr2-1 突变体表现出在 AtSN1 位点，CHG 和 CHH 甲基化有明显的减少。而且，内源的重复序列相关联的 siRNAs 产生依赖于 DCL3，但是并不依赖于 DCL1 或者 DCL2。因此，RDR2 和 DCL3 是在 RdDM 途径中产生内源 siRNAs 所必需的[101]。

直到两个植物特异性的 DNA 依赖的 RNA 聚合酶，Pol Ⅳ 和 Pol Ⅴ 在拟南芥中被发现时，对于 siRNA 的生物合成，从高度甲基化的异染色质区域转录产生 RNA 转录本是必需的，但是其详细机制仍然不清楚。这些聚合酶是由同 Pol Ⅱ 构成相同或相似的 12 个亚基组成。NRPD1 和 NRPE1 分别是 Pol Ⅳ 和 Pol Ⅴ 的最大的亚基。这两个聚合酶分享相同的第二个大亚基 NRPD2/NRPE2[72, 77]。通过一个正向遗传学筛选转基因沉默突变体，我们发现了 silencing defective 4(sde4)突变体，在 AtSN1 位点，不但 siRNA 生成减少，而且 DNA 甲基化也减少了。SDE4/NRPD1A 编码 Pol Ⅳ 的最大亚基[31]。通过用另外的筛选系统筛选到 defective in RNA-directed DNA methylation（drd 突变体)[48]。drd2(nrpd2/nrpe2)突变体在 AtSN1 和 5S 位点上 siRNA 和甲基化都减少了[49]。NRPD1 和 NRPD2 是产生 siRNA 和特定转座子，重复 DNA 沉默所必需的[36]。nrpd1nrpe 双突变表现出 AtSN1 和 5S 位点上甲基化都减少[69]，NRPD 和 NRPE 两者都是对于有效沉默转座子和其他高度重复序列所必需的，同时对于沉默低重复 DNA 仅仅依赖于 NRPD[74]。

通过对沉默(repressor of silencing 1，ros1，DNA 去甲基化酶突变体)抑制子的筛选，确定了 NRPD1，NRPE1 和一个 Pol Ⅳ 和 Pol Ⅴ 共有的第四个亚基的突变体 rdm2。rdm2（RNA-directed DNA methylation2)突变体表现出在 siRNA 和 Pol Ⅳ-和 Pol Ⅴ-依赖的位点(5S rDNA，MEA－ISR，AtSN1，AtGP1，和 AtMU1)甲基化的大量减少。RDM2 编码一个类似于 Pol Ⅱ 的 RPB4 亚基。免疫共沉淀和免疫共定位显示 RDM2 是与 NRPD1 和 NRPE1 相关联的，是 Pol Ⅳ 和 Pol Ⅴ 共同分享的亚基[32]。RDM3(KTF1：一个 KOW-domain 转录因子)和通过 NRPE1 蛋白免疫共沉淀获得的高分子量复合体(约 500 000)中的 RPB5b (NRPE5A)亚基是拟南芥中的两个同源蛋白。这两个突变体不仅 NRPE1 依赖的 siRNAs 和 AtSN1 位点上 DNA 甲基化都减少，而且在 5S－rDNA 和两个 LTR 位点上 DNA 甲基化也减少。KTF1 类似于 NRPE1，并且也包含 WG/GW 基序：AGO 蛋白的结合位点[37]。从野生型和 Pol Ⅳ 突变体克隆的 siRNAs 比较分析表明大于 90% 的 siRNAs 是 Pol Ⅳ 依赖型的[104]。因此，Pol Ⅳ 是从异染色质，转座子和重复序列产生 siRNAs 所必需的。拟南芥一个 SNF2 包含蛋白(CLASSY1)也是 Pol Ⅳ-和 RDR2-依赖的 dsRNAs 产生所必需的组分[81]。在 nrpd1 和 rdr2 突变体中 siRNA 的产生被急速减少，而在 nrpe1 和 ago4 突变体中仅仅是轻微减少。免疫共定位研究发现 Pol Ⅳ 和 DRD1(一个 SWI2/SNF2-类似的染色质移除蛋白)定位在细胞核外与内源的重复位点共定位，同时 RDR2，DCL3，AGO4 和 NRPE1 与 siRNAs 共定位于细胞核内。定点突变 Pol Ⅳ 和 Pol Ⅴ 的镁离子结合位点 A 和 B 基序发现，它们对 siRNA 的生成，RdDM，反转座子沉默和这两个聚合酶核定位都是非常重要的[30]。

1.3 DNA 甲基转移酶

1.3.1 MET1

在植物和动物中,大部分的甲基化发生在 CG 二核苷酸上[90]。这种对称特性可以解释为经过 DNA 复制后一半甲基化的状态又重新恢复了完全甲基化状态[78,80]。这种专门负责维持 CG 甲基化的酶叫作 DNMT1,首先从老鼠中克隆到[88]。缺失 DNMT1 的老鼠胚胎仅能发育 9 d,只有野生型 30% 的甲基化水平[22]。MET1 是它的同源基因,后面在拟南芥中被发现[24],是维持 CG 甲基化所必需的。David Baulcombe 的小组在烟草中用 RNA 病毒诱导甲基化沉默了同源的基因[46],尽管病毒已经在植物中消除,但是沉默仍然可以在后代中被维持。MET1 功能的损伤并没有影响被感染植物基因沉默的建立。然而,MET1 的功能对于在缺乏病毒的情况下,沉默信号的遗传却是必需的。在拟南芥中,用反向重复转基因的类似实验也已经被进行[60]。这个反向重复诱导所有序列背景下同源的非重复位点的 RdDM。即使突变会影响 H3K9 的甲基化和 RdDM,但并没有明显减少许多位点的 CG 甲基化[20,86]。因此,CG 甲基化被维持下来。

1.3.2 CMT3

尽管在植物和动物中大部分的甲基化都发生在 CG 位点上,但是植物中也有大量的甲基化发生在 CNG 位点上。在拟南芥和小麦里,已经发现了负责 CNG 甲基化的酶[3,16,54],它们属于植物特异性的染色质甲基化酶(Chromomethylase,CMT)家族,这样叫它们,是因为在它们催化区域有染色质的存在[35]。对于胞嘧啶、CG 和 CNG 都是对称的，使得我们猜测 CNG 甲基化类似于 CG 甲基化，也是在被动中得到维持的。然而在拟南芥中所做许多实验表明它远远要比我们想象的复杂得多。

拟南芥染色质甲基化酶负责维持 CNG 甲基化，CMT3 是在筛选释放 SUPERMAN 和 PAI 沉默的突变体中发现的[3,54]。SUPERMAN 基因编码一个花正常发育所必需的转录因子。引进这个基因两个额外的拷贝作为反向重复使得所有拷贝在 CNG 和不对称位点都被沉重地甲基化，并且沉默，最终导致植物异常的花器[3]。类似的情况也出现在 PAI 基因[42,60]。失去 CMT3 功能的突变体，在 SUPERMAN 和 PAI 上，几乎完全丧失了 CNG 甲基化和大量的不对称甲基化。突变体也表现出在端粒周围异染色质上几乎丧失 CNG 甲基化和使得位于此处的许多转座元件重新被激活。但是大多数甲基化和沉默的位点都在基因组常染色质区域，失去 CMT3 功能的突变体仅仅使部分 CNG 和不对称甲基化丧失[20]。剩下的非 CG 甲基化则是由 DRM 甲基转移酶家族负责。

那么，CMT3 如何被招募带着其他 SUPERMAN 和 PAI 沉默的二级抑制子？KRYPTONITE 基因编码一个 Suv（var）3 - 9 家族 SET-domain 蛋白，是专一性（lysine 9 of H3，H3K9）组蛋白甲基转移酶[26,47]。Kryptonite 突变体在 DNA 甲基化和转座子重新激活上的表型类似于 cmt3 突变体，尽管它的影响要比 cmt3 突变的影响弱许多。一个潜在的机制就是对于组蛋白甲基化也许招募了 CMT3，因为 CMT3 包含有染色质。它有能力直接结合甲基化的组蛋白 H3。另外，CMT3 也可以被拟南芥 HP1 同源基因招募，体外已经得到验证[47]。然而后面的这个机制并不十分确定，因为 hp1 突变体对 DNA 甲基化并没有影响[26]。

通过克隆第 3 个 SUPERMAN 抑制子突变体,对于 CMT3 的调节机制有了更深一步的认识。这个突变体就是ago4(ARGONAUTE4),Argonaute 家族基因中参与 RNA 沉默的一员[20]。ago4突变体在 SUPERMAN 基因上表现出大量的 CNG 甲基化缺失和不对称甲基化急速减少,同时在许多其他沉默位点上非 CG 甲基化也减少了。ago4突变体在 SUPERMAN 和 AtSN1 上的 H3K9 甲基化也降低了。既不像krytonite 突变体,也不像cmt3突变体,植物缺少 AGO4 功能,在着丝粒周围异染色质有正常的 DNA 和组蛋白甲基化。而且ago4突变体引起了在 FWA 和 MEA - ISR 非 CG 甲基化几乎完全的丧失,这个表型与drm 突变体表型一致[86]。

1.3.3 重新甲基化酶 DRM 及不对称甲基化

大部分不对称甲基化是由 DRM 甲基转移酶来维持,也有部分由CMT3 控制[99]。拟南芥中有两个紧密联系的 DRM 基因,几乎所有的实验都是用这两个突变体来进行的[100]。不像 CMT3,没有证据表明,DRM 酶是指导 H3K9 甲基化的,因为在 DRM 基因起主要作用的位点,kryptonite 突变体并没有显著影响不对称甲基化[20]。丰富的不对称甲基化是 RNA 指导的 DNA 甲基化的一个标志[93]。ago4突变严重影响了不对称甲基化[20,86],而且由反向重复引起的不对称甲基化并没有因为起始子被移除而不能维持[60],因此,这就表明大部分的不对称甲基化通过 RNA 沉默途径而得以维持。在拟南芥中,大部分证据表明 DRM甲基转移酶是建立 DNA 甲基化的关键酶。

drm 突变体在维持 CG 甲基化或者在着丝粒周围异染色质维持CNG 甲基化方面并没有影响[20]。许多很好的证据都来自 FWA 基因的实验。FWA 启动子包含有一系列的随机重复[98]。这些重复在正常条件下 CG 位点被高度甲基化,CNG 甲基化和不对称位点只是轻微的甲基化。DRM 的活性是维持非 CG 甲基化所必需的，而不是 CG 甲基化[20]。如果一个额外的 FWA 拷贝被转化到野生型植物中，它就像内源的基因一样，被甲基化，进而沉默[98]。换句话说，drm 突变体不能重新甲基化 FWA[99]。有实验结果表明 CMT3 也参与重新甲基化。就像 PAI 反向重复序列不能在 cmt3 突变体背景下诱导单 PAI 基因的甲基化[26]。CMT3 也可能扮演仅仅微小的和位点特异性的重新甲基化作用。

1.3.4 DNA 甲基化复合体

AGO 蛋白是首先在 RdDM 复合体中确定的组分。AGO 蛋白包含 PAZ，MID 和 PIWI domain。PAZ domain 可以识别小 RNA 的 3′末端，MID domain 可以结合小 RNA 的 5′末端磷酸基，PIWI domain 有 RNaseH-like 活性，可以剪切单链目标 RNA[91]。拟南芥基因组编码 10 个 AGO 蛋白，水稻编码 17 个。AGO4 的作用不仅在 siRNA 积累方面，而且在非 CG 甲基化和 SUPERMAN 与 AtSN1 位点的 H3K9 甲基化也起作用[109]。正向遗传筛选出的 ros1 的抑制子，AGO4[16] 和 AGO6[106] 都是 RdDM 必需的。在拟南芥中，AGO6 负责个别特异的与异染色质相关联的 siRNAs 的生成，DNA 甲基化和转录基因沉默。它的功能部分与 AGO4 冗余[43]。许多在组蛋白修饰和染色质移除中起作用的蛋白也都参与到 RdDM 途径中。组蛋白去乙酰化酶 HDA6[4] 和组蛋白 H3K9 甲基转移酶 KRYPTONITE/SUVH4[21] 也是 RdDM 维持 CG 甲基化所必需的。此外，去乙酰化和甲基化，组蛋白去泛素化也都对依赖于 RdDM 的 TGS 有贡献。拟南芥 sup32-1 突变体部分抑制了由 ros1 产生的 TGS，引起了 RdDM 目标位点的 CpHpG 和 CpHpHp 甲基化的减少。SUP32 编码一个泛素特异性蛋白酶（UBP26），其能催化 H2B 的去泛素化，而 H2B 的去泛素化对于 H3K9 的二甲基化是必需的[84]。两个 SWI2/SNF2 -类似染色质移除蛋白对于 DNA 甲基化也是非常重要的。拟南芥 ddm1 (decreased dna methylation1)突变体表现出减少了多于 70% 的 DNA 甲基化[58]。另一个 SWI2/SNF2 类似染色质移除蛋白是 DRD1,突变体在目标启动子区域完全丧失了非 CG 甲基化诱导的 siRNA,但着丝粒和 rDNA 重复并没有受到影响。DRD1 也许调节着与 siRNA 序列同源区域的甲基化[48]。最近 DRD1 也被从筛选 ros1 抑制子的工作中得到,发现它是特异性的 siRNA 依赖的 TGS[32]。

因为重新甲基化酶有很少的序列特异性,它对于特异的序列依赖于小 RNA 和特定的组蛋白修饰。小 RNA 结合蛋白可以直接或间接通过调节蛋白招募重新甲基化酶到特定位点。Pol V 是 RdDM 甲基化相关联蛋白中的一个(RdDM 途径中下游),因为 drd3 (nrpe1)突变体表现出在 AtSN1 和 5S rDNA 位点上的非 CG 甲基化的丧失,但并未影响 siRNA 的生成[49]。还有其他几项研究也证实 Pol V 主要是在 RdDM 的甲基化步骤起作用[36, 69, 73, 74, 104]。Pol V 在甲基化步骤的机制也就是在近来得以发现。NRPE1 的 C 末端区域(CTD)包含有保守的 WG/GW -基序,通过它,可以与 AGO4 相结合[23]。NRPE1 和 AGO4 定位于 Cajol bodies 里[55],与 DRM2 定位在 AB-bodies[56]。Pol V 转录异染色质和常染色质的非编码区域。Pol V 依赖的非编码转录本在大小上约 200 nt。它需要染色质移除蛋白 DRD1 的协助,因为 Pol V 产生的非编码 RNAs 和 siRNA 对于 RdDM 都是必需的,于是猜测在 AGO4 - RISC 复合体中的 siRNAs 与新生的 Pol V 转录本相结合,招募染色质修饰复合体,包括 DRM2 和组蛋白修饰的酶,到特定的位点。AGO4 - RISC 复合体中的 siRNAs 可以指导 DRM2 到与 siRNAs 互补的 DNA 序列,进行重新甲基化[95]。在拟南芥中,一旦原初的 RdDM 被建立,在某些情况下被二级 siRNAs 诱导,从上游增强子元件到下游序列,甲基化呈单向传播。原初的 RdDM 把 Pol Ⅳ,RDR2 和 DCL3 招募过来,生成二级 siRNAs,反过来又在下游指导甲基化[19]。

总之,在植物和许多哺乳动物中,DNA 甲基化对于维持转录基因沉默(TGS)是至关重要的[6, 11, 40, 76, 85]。DNA 甲基化参与了许多已知的表观遗传的过程。例如,转座子的失活、印记、X 染色体的失活、核仁显性和副突变,以及癌症和其他许多疾病的发育[11, 13, 25, 40, 44, 79]。在植物当中,许多小干涉 RNAs(siRNAs)可以指导 DNA 甲基化和 RNA 指导的 DNA 甲基化(RdDM)中产生转录基因沉默(TGS)[5, 63, 72]。这些 siRNAs 在重新 DNA 甲基化中扮演着起始子和特殊因子的作用。在植物中,RdDM 的一个特性就是胞嘧啶在所有的序列(CpG、CpNpG 和 CpNpN,这里 N 是 A,T,或者 C),凡是与起始子 RNA 同源的区域都会被甲基化[11]。在拟南芥中重新甲基化是被 DRM2(Domain Rearranged Methyltransferase 2)催化的,同时 CMT3 和 MET1 又分别在维持 CpNpG 和 CpG 甲基化起作用[11]。在哺乳动物中,siRNAs 也可以导致转录基因沉默,但是并不清楚是小 RNA 指导的 DNA 甲基化还是异染色质组蛋白修饰[66]。最近,发现在哺乳动物精细胞中 piwi 结合小 RNA 可以指导重新 DNA 甲基化和反向转座子的沉默[62]。

在 RNA 指导的 DNA 甲基化中,这些 siRNAs 是在植物特异的 RNA 聚合酶 IV(Pol Ⅳ)、RNA 依赖的 RNA 聚合酶 2(RDR2)以及 Dicer 类似蛋白 3(DCL3)的参与下产生的[8, 14, 63, 72]。

尽管 RNA 聚合酶 IV 的生物化学活性还不清楚,但是我们已经知道它参与了从甲基化 DNA 产生转录本的过程[89]。这个转录本被 RDR2 复制成双链的 RNAs,然后再被 DCL3 剪切成 24 nt 的 siRNAs。它们接着与 Argonaute 4(AGO4)蛋白相结合,存在于 Cajol bodies[72]。在这里,AGO4 结合植物特异性的另外一个 RNA 聚合酶 V(Pol V),它的功能是作为 RdDM 途径中下游的一个成分[55]。Pol V 依赖的转录本已经在许多 RdDM 目标位置被检测到[95]。

AGO4 在 RdDM 途径起关键作用。虽然我们并不知道 AGO4 是如何识别甲基化的序列进而去扩增 siRNAs 的,但是它的剪切酶活性是 24 nt siRNAs 产生所必需的[76]。另外一个受体复合体的成分 KTF1,通过结合 AGO4 和转录本,在 AGO4 与 Pol V 相结合中具有重要的桥梁作用[7,33,37]。两个 RdDM 途径中额外的下游成分是染色质重构因子 DRD1 和 SMC hinge domain 蛋白 DMS3[63],它们两个都是 Pol V 转录本产生所必需的[95,96]。与 24 - nt siRNAs 去指导 DNA 甲基化这种能力相一致的是,全基因组 siRNAs 和 DNA 甲基化图谱的对比表明绝大部分 24 - nt siRNAs 都来自高度甲基化的序列[17,59,67]。有趣的是,许多 siRNAs 的产生依赖于基因组甲基化的状态。在 met1 和 drm2 突变体中,24 - nt siRNA 急剧减少[59,73]。在植物花粉的核中,转座子丧失了 DNA 甲基化,与此同时 24 - nt siRNAs 也急剧减少[83]。在二级 siRNAs 诱导下,原初的 RdDM 招募许多因子,比如 Pol IV,RDR2 和 DCL3,产生更多的二级 siRNAs,反过来又在下游指导甲基化,这些过程的前提就是有原初建立的 RdDM[19]。从这些结果可以看出,在 DNA 甲基化和 siRNAs 产生或者扩增之间是相互关联的。siRNAs 指导的甲基化和更多的 siRNAs 从甲基化序列中产生,处于一个循环状态,可能与增强基因组中重复序列和 DNA 元件的沉默有关。

在许多情况下,siRNAs 产生也不完全依赖于 DNA 甲基化。例如,拟南芥 FWA 基因 5′区域的随机重复产生的 siRNAs。在植物中有甲基化的 FWA 基因,siRNAs 可以通过产生 DNA 甲基化来沉默外来的 FWA 转基因,如果是轻微甲基化的 FWA 基因,siRNAs 的总体数量仍然维持类似于前面的水平,但是它们并不能沉默外来的 FWA 转基因[12]。siRNAs 从甲基化的位点产生,有助于组装到有功能的受体复合体当中。也许是 RdDM 受体复合体识别甲基化的重要原因之一。许多位点的甲基化状态是表现出动态调控的状态,反映出在 RdDM 和被

DNA 去甲基化酶家族中的 ROS1 调节激活与去甲基化之间的一种平衡[59,71,107]。失去功能的 ros1 突变体表现出在许多位点的 DNA 超甲基化和转录基因沉默。在对释放了这个 TGS 的拟南芥突变体的正向遗传学筛选中,研究中发现了一个 RdDM 的新成分,RDM1(for RNA-directed DNA Methylation 1)它是一个新的 DNA 结合蛋白,能够结合单链的包含甲基化 CNN 形式的 DNA 序列。RDM1 在细胞核与 AGO4、Pol Ⅱ 和 DRM2 结合与共定位,同时 AGO4 也与 Pol Ⅱ 在核质共定位。RDM1 是 RdDM 受体复合体中的一个新成员,通过甲基化的 DNA 在识别复合体或者下游功能中起到非常重要的作用。

第2章

材料与方法

2.1 实验材料

本实验所用的野生型植物是拟南芥 C24 背景下的 RD29A－LUC 转基因纯合体[26]。像先前描述的那样,在 ros1 突变体背景下进行 T－DNA 诱变[32,51]。ros1rdm1－1 和 ros1rdm1－2 突变体就是从这个突变体库中筛选到的。rdm1－1 单突变体是 ros1rdm1－1 与野生型回交得到的。rdm1－3(FLAG_298G06)是从拟南芥生物资源中心获得的。rdm1－4 是从不同的遗传筛选中得到的(附录 A)。植物生长在温度是 22℃,16 h 光照,8 h 黑暗条件下的生长室。经过 4℃,2 d 的冷处理,50 个组,每组大约 200 个 T2 幼苗,RD29A－LUC 的表达就像前面说的那样分析[26]。从 ABRC 获得了一个包含 RDM1 全长表达框的 cDNA 克隆(Clone No U22863),接着被克隆到 Gateway 一个双 CaMV 35S 启动子载体上。2－kb 包含 RDM1 启动子的基因组片段被克隆到 pMDC164 Gateway 载体上,用于启动子－GUS 分析。3－kb 包含 RDM1 开放阅读框和自己的启动子的基因组片段被克隆到 pCAMBIA1305.1 载体上用于互补实验。

2.2　方　　法

2.2.1　植物总 DNA 的提取(CTAB 法)

(1) 20 mL CTAB 提取缓冲液中,加入 0.4 mL β‐ME 至终浓度 2%(*V*/*V*),与 5 mL CTAB/NaCl 溶液一起在 65℃预热。

(2) 3~4 g 叶片在液氮中研成粉末,转移至 65℃预热的 CTAB 提取液中,混匀,温育 60 min。

(3) 氯仿抽提,混匀,10 000 r/min, 10 min。

(4) 取上清,加入 1/10 体积 65℃预热的 CTAB/NaCl 溶液,混匀,氯仿抽提。

(5) 加入 1 倍体积 CTAB 沉淀液,混匀。如果沉淀出现,则进行下一步;如果没有,则在 65℃保温 30 min。

(6) 10 000 r/min, 10 min, 4℃离心,沉淀用 TE 溶解;如果难溶,在 65℃保温 30 min,直至全溶。

(7) 2 倍体积无水乙醇沉淀,70%乙醇洗涤。

(8) 干燥后溶于 TE RNaseA(20 μg/mL)。

2.2.2　植物总 RNA 提取(RNeasy Plant Mini Kit, QIAGEN)

(1) 取不超过 0.1 g 的植物材料,于研钵中快速用液氮研至粉末状,倒入 2 mL 的离心管中;

(2) 加入 450 μL RLT buffer(1 mL RLT buffer 加 10 μL β‐ME,使用前加)旋转混匀(1~3 min, 56℃);

(3) 把溶解产物吸入 QLA shredder spin column,然后放入 2 mL 收集管中,13 000 r/min, 2 min,上清转入一新离心管中;

（4）加 0.5 体积无水乙醇，用吸管迅速混匀，继续下一步；

（5）把上一步中的加到 RNeasy mini column（粉色），然后放到 2 mL 离心管中，10 000 r/min，15 s；

（6）加 700 μL RW1 buffer，10 000 r/min，15 s；

（7）把 RNeasy mini column 放入新的 2 mL 收集管中，加 500 μL RPE buffer，10 000 r/min，15 s，弃液；

（8）再加 500 μL RPE buffer，10 000 r/min，2 min，弃液；

（9）把 RNeasy mini column 放入一个新的 1.5 mL 收集管中，吸 50 μL RNeasy-free-water，10 000 r/min，1 min，然后可用或保存。

2.2.3　cDNA合成（SuperScript.Ⅲ First-Strand Synthesis System，Invitrogen）

（1）使用试剂盒中的之前混合和简短离心。

（2）把下面的成分加入混合：

多至 5 μg 总 RNA 或 1 pg 到 500 ng poly(A)＋RNA；

n μL Primer＊；

1 μL ＊ 50 μmol oligo(dT)20，或者；

2 μmol gene-specific primer (GSP)，或者；

50 ng/μL random hexamers；

1 μL 10 mmol dNTP mix；

DEPC-treated water 至 10 μL。

（3）65℃温浴 5 min，接着置于冰上至少 1 min。

（4）准备下面的 cDNA Synthesis Mix。

Component	1 Rxn
10×RT buffer	2 μL
25 mmol MgCl$_2$	4 μL

0.1 M DTT	2 μL
RNaseOUT. (40 U/μL)	1 μL
SuperScript. Ⅲ RT（200 U/μL）	1 μL

（5）加 10 μL cDNA Synthesis Mix 到每个 RNA 和引物的试管中,轻轻混匀,简短离心。在 50℃,Oligo(dT) 20 min 或者 GSP 引物:50 min。

随机引物:在 25℃,10 min,接着在 50℃,50 min。

（6）85℃,5 min 终止反应,置于冰上。

（7）简短离心,加入 1 μL RNase H 到每个试管中,37℃,温浴 20 min。

（8）cDNA 合成反应可以贮藏在−20℃或者立刻 PCR。

2.2.4　感受态的制备与转化

1. 大肠埃希菌感受态细胞

（1）挑取新鲜的 E. coli DH5α 或 DH10B 单菌落接种于 10 mL LB 液体培养基中,37℃培养过夜;

（2）按 1/100 的稀释比例接种于 20 mL 液体 LB 中,继续培养至 OD600 约 0.4;

（3）菌液冰浴 30 min,分装于 1.5 mL 无菌离心管中,6 000 r/min,4℃,10 min 离心,收集沉淀菌体;

（4）细胞重悬于 750 μL 冰预冷的无菌 0.1 mol/L CaCl₂ 中,6 000 r/min,4℃,10 min 离心,弃上清,收集菌体;

（5）细胞重悬于 600 μL 冰预冷的无菌 CaCl₂ 中,冰浴 20 min,6 000 r/min,4℃,10 min 离心,弃上清,收集沉淀菌体;

（6）每管中加 75 μL 冰预冷的无菌 CaCl₂ 重悬沉淀细胞;

（7）制备好的感受态细胞,可现用,或−20℃保存,或−70℃保存。

转化（大肠埃希菌）

（1）取 5 μL 连接液,加入 100 μL 大肠埃希菌感受态细胞悬浮液,混匀,冰浴 30 min。

(2) 42℃ 静止水浴热激 90 s,置冰上冷却 1～2 min。

(3) 加入 600 μL LB 液体培养基,混匀后,37℃ 水浴保温 60 min。

(4) 取 200 μL 转化液涂布在含相应抗生素 100 mg/mL 氨苄青霉素(Ampicillin, Amp)的 LB 固体培养基上,37℃ 恒温培养 12～16 h。如果进行蓝白菌斑筛选(预先在平板上涂布 16 μL 20 mg/mL X-gal 和 4 μL 200 mg/mL IPTG)。

(5) 蓝白斑筛选:转化子为白色,非转化子为蓝色。将已纯化的 PCR 扩增片段与载体 T-Vector 在 T4 连接酶作用下 16℃ 连接 24 h。将上述连接产物 5 μL 与准备好的 100 μL DH5α 感受态细胞混合,按常规方法转化并涂布于含氨苄青霉素、X-gal、IPTG 的 LB 固体平板上,37℃ 温箱培养 16 h,挑取白色菌落作进一步筛选、鉴定。

农杆菌感受态细胞方法同大肠埃希菌相同,只是所用的 $CaCl_2$ 浓度为 0.05 mol/L。

转化(农杆菌)

(1) 取 2 μL 已鉴定好的质粒 DNA,加入 100 μL 农杆菌感受态细胞悬浮液,混匀,冰浴 20 min;

(2) 于液氮中放置 3～5 min;

(3) 37℃ 静止水浴热激 2 min;

(4) 加入 600 μL LB 液体培养基,混匀后,28℃ 水浴振荡 4～5 h;

(5) 取 200 μL 转化液涂布在含相应抗生素的平板上,28℃ 恒温培养 2 d,挑取白色菌落作进一步筛选、鉴定。

2. 电转化感受态细胞的制备

(1) 挑取新鲜的 E. coli DH5α 或 DH10B 单菌落接种于 10 mL LB 液体培养基中,37℃ 培养过夜;

(2) 按 1/100 的稀释比例接种于 500 mL 液体 LB 中,继续培养至

OD600 约 0.4；

（3）菌液冰浴 60 min，分装于 500 mL 无菌离心杯中，4 000 r/min，4℃，15 min 离心，收集沉淀菌体；

（4）细胞重悬于 500 mL 冰预冷的无菌 10% 甘油中，4 000 r/min，4℃，15 min 离心，弃上清，收集菌体；

（5）细胞再重悬于 250 mL 冰预冷的无菌 10% 甘油中，4 000 r/min，4℃，15 min 离心，弃上清，收集菌体；

（6）细胞再重悬于 200 mL 冰预冷的无菌 10% 甘油中，4 000 r/min，4℃，15 min 离心，弃上清，收集菌体；

（7）离心杯中加 3 mL 冰预冷的无菌 10% 甘油重悬沉淀细胞。

2.2.5 DNA 的回收(离心柱型普通琼脂糖凝胶 DNA 回收试剂盒 QIAGEN)

（1）将目的 DNA 条带从琼脂糖凝胶上切下约 0.1 g 装入 1.5 mL 离心管中；

（2）向胶块中加 400 μL 溶胶液 PN，50℃水浴，10 min，其间不断翻转离心管；

（3）将上述溶液加入到离心柱中，13 000 r/min，1 min，倒掉收集管中的废液，将吸附柱重新放入离心管中；

（4）向吸附柱中加 650 μL 漂洗液 PW，13 000 r/min，1 min，倒掉废液，将吸附柱重新放入离心管中；

（5）向吸附柱中加 500 μL 漂洗液 PW，13 000 r/min，1 min，倒掉废液，将吸附柱重新放入离心管中，13 000 r/min，2 min，尽量除去漂洗液；

（6）将吸附柱放入一新的离心管中，向吸附膜中间滴加经 65℃水浴预热的洗脱缓冲液 EB，室温放置 2 min，13 000 r/min，2 min，收集 DNA 溶液。

DNA 片段与载体连接、转化及鉴定：

一般粘性末端连接回收片段与载体比例为 3∶1，即 10 μL 体系，回收片段 6 μL，载体 2 μL，T4 DNA 连接酶 1 μL，T4 DNA buffer 1 μL。平端连接回收片段与载体比例 10∶1 左右。同时如果使用 GATEWAY 系统进行载体构建，回收片段 3 μL，载体和酶的混合物 1 μL，salt solution 1 μL，室温放置 30 min 或更久（依据片断大小而定）。转化可按以下进行（GATEWAY 系统质粒转化使用 DB3.1 菌株制成的感受态）：5 μL 连接产物加入到 75 μL 大肠埃希菌感受态细胞中，放置于冰上 30 min，42℃水浴 100 s，冰浴 1～2 min，加 920 μL LB 液体培养基，37℃，1 h，离心，留 100 μL LB 涂布于已涂有 6 μL 24 mg/L 的 IPTG 和 20 mg/L X-gal 的含 100 mg/L Amp 抗生素的 LB 平板上（GATEWAY 系统不用 IPTG，X-gal，只使用抗生素即可），37℃倒置培养过夜。鉴定可采用蓝白斑筛选，PCR，酶切，筛选到重组体。

2.2.6　RNA 分析

总 RNA 用 Trizol（Sigma）从生长 14 d 的拟南芥幼苗中抽提。30 微克（μg），用 1.0% 甲酰胺凝胶（formaldehyde gel）转膜至 Hybond - N+膜上。对于小 RNA 分析，总的 RNA 沉淀用 4 mol LiCl 重悬；小分子量的核酸将被溶解在 4 M LiCl，但是高分子量的核酸离心后仍然在沉淀中。小分子量的核酸用等体积的异丙醇-80℃沉淀过夜。总核酸 100 μg 用 17% 聚丙烯酰胺凝胶进行电泳，转至 Hybond - N+膜上（Amersham，Pixcataway，NJ）。膜被交联，80℃烘烤 2 h，65℃（对 mRNA）或者 38℃（对 small RNA），与^{32}P 标记的 DNA 探针或者在 PerfectHyb 缓冲液（Sigma）的寡核苷酸杂交过夜。清洗过的膜被暴露在 X-ray 底片或者磷板成像扫描。DNA 探针和引物列在附录 B。

实时定量 PCR 分析，抽提总 RNA，包含的 DNA 用 RNase-free

DNase（RQ‑DNase；Promega，Madison，WI）移除。用 mRNA 分离试剂盒（Promega）分离 2 μg mRNA，使用 ThermoScript RT‑PCR 系统（Invitrogen）合成第一链 cDNA。cDNA 反应混合物被稀释 5 倍，在 25 μL 用 iQ SYBR Green Supermix（BIO‑RAD）反应体系中，使用 2 μL 模板。PCR 包括一个 95℃，（5 min）的预变性，接着 95℃，（15 s）；55℃，（30 s）和延伸 72℃，（60 s）；40 个循环。所有的这些反应是在 iQ5 Multicolor Real-Time PCR 检测系统下进行（BIO‑RAD）。TUB8 用作内参，所有在实时定量 PCR 使用的引物都列在附录 B。

2.2.7　DNA 甲基化分析

基因组 DNA(500 ng)用 McrBC 消化 3 h 或者不到 3 h。在 65℃，20 min 灭活酶活性以后，大约 10% 消化过的 DNA 用作模板，用特异性引物进行 PCR。PCR 反应条件，94℃，2 min，接着 94℃，30 s；56℃，30 s 和 72℃，30 s，35 个循环。PCR 产物用琼脂糖凝胶电泳检测。对于硫酸氢盐测序，2 μg 基因组 DNA 用 EcoRI，EcoRV，和 HindIII 消化。消化后的 DNA 用 EZ DNA methylation kit（Zymo Research，USA）处理。在 PCR 机子上进行 Bisulfite 处理，黑暗条件下 55℃，16 h；每 3 小时，95℃，5 min。处理过的 DNA 用 EZ DNA Methylation Kit（Zymo Research，Orange，CA）纯化。接着用来扩增内源和转基因 RD29A 启动子。PCR 产物被克隆到 pGEM‑T easy vector（Promega）。单独的克隆被测序。引物序列列在附录 B。

2.2.8　6xHis-tagged 蛋白质纯化（Ni‑NTA Fast Start Kit，QIAGEN）

（1）收集 250 mL 菌液，4 500 r/min 离心 10 min，置于冰上 15 min，用 10 mL native Lysis Buffer（使用前加入 lysozyme 和 Benzonase®）重悬。

(2) 冰上放置 30 min,期间缓慢混匀。

(3) 14 000 x g,4℃离心 30 min,收集上清。

(4) 加 5 μL 2×SDS-PAGE 上样缓冲液到 5 μL 上清液,置于 −20℃ 容器中保存,以备后面 SDS-PAGE 分析。

(5) 缓慢重悬柱子里的树脂几次。

(6) 拧掉柱子下面的封口,打开柱子上面的封口盖,让贮藏缓冲液缓慢耗尽。

(7) 把步骤(3)中收集的上清缓慢加入到柱子里。

(8) 收集部分流出液体,用 5 μL 流出物,加 5 μL 2×SDS-PAGE 上样缓冲液。置于−20℃ 容器中保存,以备后面 SDS-PAGE 分析。

(9) 用 4 mL native Wash Buffer 洗 2 次柱子,收集部分流出液体,加 SDS-PAGE 上样缓冲液。置于−20℃ 容器中保存,以备后面 SDS-PAGE 分析。

(10) 用 1 mL Native Elution Buffer 洗脱柱子,重复一次。

(11) 分别收集两次的洗脱液,加 SDS-PAGE 上样缓冲液。置于−20℃,以备后面 SDS-PAGE 分析。

(12) 通过 SDS-PAGE 分析。

2.2.9　位点突变(QuikChange Site-Directed Mutagenesis Kit, Stratagene)

(1) 合成带有突变点的上下游引物。

(2) 按下面准备反应体系:

5 μL 10×反应缓冲液;

5 μL (25 ng) pWhitescript 4.5-kb 控制质粒(5 ng/μL);

1.25 μL (125 ng)引物♯1[34-mer (100 ng/μL)]1.25;

μL (125 ng)引物♯2[34-mer (100 ng/μL)];

1 μL dNTP 混合物；

1.5 μL QuikSolution reagent。

接着加入：

1 μL QuikChange®Site-Directed Enzyme。

（3）准备下面的反应体系：

5 μL 10×反应缓冲液；

X μL（10～100 ng) of dsDNA 模板；

X μL（125 ng)引物♯1；

X μL（125 ng)引物♯2；

1 μL dNTP 混合物；

1.5 μL QuikSolution reagent；

补 ddH₂O 到终体积 50 μL。

接着加入：

1 μL QuikChange®Site-Directed Enzyme。

（4）循环反应使用表 2-1 的参数。

表 2-1

Segment	Cycles	Temperature	Time
1	1	95℃	2 min
2	18	95℃	20 s
		60℃	10 s
		68℃	30 s/kb of plasmid length*
3	1	68℃	5 min

Dpn I 消化扩增产物：

（1）直接在每一个扩增反应中加入 2 μL Dpn I 限制性内切酶。

（2）用移液枪慢慢完全混匀反应混合液。立刻置于 37℃，5 min，消化亲本超螺旋的双链 DNA。然后转化大肠埃希菌,筛选阳性克隆。

2.2.10 凝胶阻滞分析(Electrophoretic mobility shift assay, EMSA)

RDM1 全长 cDNA 克隆到 pET100 载体上(Invitrogen)。使用 Quickchange kit 构建 RDM1 突变体(Stratagene)。这些重组质粒被转入 BL21(DE3)(Invitrogen)细菌菌株表达蛋白。重组蛋白用 Ni 柱(Qiagen)进行纯化。甲基化和非甲基化的 DNA 合成于 Integrated DNA Technologies, Inc (Caralville, IA)和 Woo, et al (2007)[60]使用的一致。甲基化单链和双链 DNA 寡核苷酸列在附录 B。

1. 试剂的配制

(1) γ - 32P ATP:3 000 Ci/mmol at 10 mCi/mL。

(2) 0.5 mol EDTA。

(3) TE buffer:10 mmol Tris - HCl (pH 值 8.0),1 mmol EDTA。

(4) 0.5 mol Na_2HPO_4(pH 值 6.8)。

(5) 去核酸酶水。

(6) 醋酸铵 1 mol。

(7) 乙醇 100%。

(8) TBE 10×buffer (1 L):107.80 g Tris-base,55 g 硼酸,7.44 g EDTA(二钠)·$2H_2O$。将上述成分依次加入 800 mL 双蒸水中,加入少于总量的硼酸,混合,使之完全溶解,检测 pH 值,并加入余下的硼酸量,直至 pH 值调至 8.3,最后加入双蒸水,定容至 1 L(pH 值 8~8.3)。

(9) TBE 0.5×buffer。

(10) 80%甘油。

(11) 10%过硫酸铵(APS)。

(12) EMSA 加样缓冲液:10×buffer (gel loading 10×buffer),

20 mmol Tris‐HCl（pH 值 7.5），0.2％溴酚蓝，40％甘油。

（13）T4 Polynucleotide kinase 10×Buffer：700 mmol Tris‐HCl（pH 值 7.6），100 mmol $MgCl_2$，50 mmol DTT。

（14）Gel Shift Binding 10×Buffer：25 mmol HEPES（pH 值 7.6），50 mmol KCl，0.1 mmol EDTA（pH 值 8.0），12.5 mmol $MgCl_2$，1 mmol DTT 和 5％（W/V）glycerol；1.5 μg polydIdC。

2. 凝胶电泳迁移率改变试验方法

1）γ‐^{32}P 标记寡核苷酸（磷酸化反应）

（1）在无菌的 1 mL EP 管中，加入下列成分：

寡核苷酸（1.75 pmol/μL）2 μL；

T4 多核苷酸激酶 10×Buffer 1 μL；

［γ‐^{32}P］ATP（3 000 Ci/mmol at 10 mCi/mL）1 μL；

去核酸酶水 5 μL T4 多核苷酸激酶（10 U/μL）1 μL；

总体积 10 μL。

（2）37℃孵育 60 min。

（3）加入 1 μL 的 0.5 mol EDTA 终止反应。

（4）加入 89 μL TE buffer，至此，标记的寡核苷酸探针制备完成。

2）凝胶迁移试验

（1）8％非变性聚丙烯酰胺凝胶的制备。

在干净的三角烧瓶中加入：

TBE 10×buffer	2 mL
19∶1 acrylamide/bisacrylamide（40％，W/V）	8 mL
双蒸水	30 mL
TEMED	10 μL
10％ APS（过硫酸铵）	150 μL
总体积	40 mL

（2）DNA 结合反应。

① 在 1 mL EP 管中，依次加入反应缓冲液，蛋白和标记好的探针，总体积 20 μL。

② 室温下温育 45 min。

（3）DNA-蛋白复合物电泳（8％非变性聚丙烯酰胺凝胶电泳）：

① 在加样之前，将制好的 4％凝胶在 0.5×TBE Buffer 中，以 100 V 预电泳 1 h。加样之后，在室温下，0.5×TBE 中，以 100 V 电泳，直至溴酚蓝至 3/4 处。

② 打开凝胶玻璃板，把凝胶放在 Whatman 3 mm 滤纸上，盖上塑料板，干胶机干胶，置 X 线片夹中，并放入 X 线片，夹好，于 −70℃冰箱一定时间后取出曝光，显影，定影，扫描，照片，分析。

2.2.11 免疫共沉淀

蛋白的免疫共沉淀和免疫印记分析就像先前文章所述的一样[33]。Anti-RDM1 抗体一个是使用重组的 RDM1 蛋白制得和纯化（YenZym antibodies, South San Francisco, CA），另一个是用 RSDPMYHSFIDPIF 多肽制得 Anti-RDM1 多肽抗体（Sigma Genosys, Woodlands, TX）。

抽提缓冲液

Tris-HCl pH 值 7.5	50 mmol
NaCl	150 mmol
NP40	0.2％
二硫苏糖醇	2 mmol
蛋白酶抑制剂	1 粒（可放入 50 mL 体积）
甘油	10％

（1）液氮研磨大约 3 周大小的幼苗，2 g 材料，加入抽提缓冲液 5 mL。置于冰上 40 min，期间不时上下颠倒混匀。

（2）11 000 r/min，4℃离心 15 min，小心吸出上清。

（3）加入一抗：

a. 4℃至少 4 h，加入适量的 ProteinA/G，4℃，慢慢晃动 2 h，1 000 r/min离心2 min。接着用 1.5 mL 的试管，抽提缓冲液洗这些珠子3～5 次，每次 5 min，1 000 r/min 离心 2 min。最后用 1X SDS PAGE sample 缓冲液加到清洗干净的珠子里，100℃，5 min。

或者

b. 直接加入带有一抗的颗粒，4℃，2 h。4℃，1 000 r/min 离心 2 min，接着用 1.5 mL 的试管，抽提缓冲液洗这些珠子 3～5 次，每次 5 min，1 000 r/min 离心 2 min。最后用 1X SDS PAGE sample 缓冲液加到清洗干净的珠子里，100℃，5 min。

（4）进行 SDS - PAGE 电泳，转膜，Western 印迹分析。

2.2.12 免疫荧光法和显微镜

拟南芥叶片的核按先前描述的进行抽提[41]，用 4% paraformaldehyde/PBS 固定 20 min。在免疫染色之前，预处理的载玻片再用 4% 多聚甲醛/PBS 固定和用 2% BSA/PBS 封闭。与第一抗体在 4℃温浴过夜。这些一抗都检测了天然蛋白：rabbit anti - RDM1，chicken anti - NRPD1，chicken anti - NRPE1[73] 和 rabbit anti - AGO4 抗体，特异识别蛋白的 C 末端。在转基因中，在内源启动子带动下，功能表达 C 末端标记的 NRPD1、NRPE1、AGO4 和 DRM2。免疫定位使用 mouse anti-Flag (Sigma)和 anti-cMyc (Millipore)。免疫信号的检测，用二抗 anti-chicken Alexa 488 - conjugated (Invitrogen)，anti-rabbit Alexa 488 - conjugated (Invitrogen)，anti-rabbit Alexa 594 - conjugated (Invitrogen)和 anti-mouse Alexa 488 - conjugated (Invitrogen)，37℃，2 hr。DNA 用 DAPI 稀释在 Prolong Gold mounting media (Invitrogen)的染色。具体

步骤如下：

使用安装有 CoolSnap HQ2 camera（Photometrics）的 DeltaVision restoration 成像系统，用于（Applied Precision，LLC）细胞核成像。

1. 材料和试剂

（1）核抽提缓冲液（NEB）：

10 mmol Tris－HCl pH 值 9.5；

10 mmol KCl；

0.5 mol sucrose；

4 mmol spermidine；

10 mmol spermine；

0.1% 2－mercaptoethanol。

（2）8%甲醛（或者多聚甲醛），甲醛 37%储液（Sigma）。

（3）尼龙网 50 到 100 μm。

（4）刀片：载玻片和盖玻片。

（5）DAPI（4′－6－Diamidino－2－phenylindole）在 CITIFLUOR antifade solution（1 μg/μL）（Electron Microscopy Sciences，Hatfield，PA）。

2. 核制备

（1）选取在土壤里生长了近 3 周的新鲜叶片 1 g。选中等大小的叶片（不老也不幼嫩）做蛋白免疫定位，但是选小的、新长出的叶片做 siRNAs 的 RNA FISH 检测。把叶片放到 1～2 mL 的 NEB 中，用研磨磨碎，尽可能得到悬浊液。要记住，尽可能磨碎细胞，使细胞核充分释放出来。

（2）用被剪大的蓝色枪头吸出匀浆，加到 15 mL 的离心管中，置于冰上。

（3）加入一体积的 8%的甲醛，使得与 NEB 等体积，旋转混合，让核和组织在冰上固定 20 min。

（4）同时，用蓝色枪头和 50～100 μm 的尼龙网过滤。

（5）让匀浆首先过 100 μm 的过滤器，然后再过 50 μm 的。

（6）2 500 r/min 4℃离心 3 min。就可以看到在绿色沉淀中间有白色/灰色的污迹，这就是核。

（7）用 40 μL NEB 重悬此沉淀。这个白灰色沉淀是最难重悬的。

（8）吸 3 μL 放到独立的玻片上，均匀涂开，2～3 cm 大小，涂的每个地方不要重复，只涂一下。很快玻片就干了。

（9）用一滴 DAPI（在 CITIFLUOR 中）检查核的质量。盖上盖玻片，放在黑暗的地方几个小时。

（10）玻片可以放在 4℃一个月内有效。

2.2.13　植物染色体蛋白的免疫染色

4% PFA（多聚甲醛）或者甲醛。

10×KPBS：

　　　1.28 mol NaCl；

　　　20 mmol KCl；

　　　80 mmol Na_2HPO_4；

　　　20 mmol KH_2PO_4（pH 值 7.2）DAPI 1 μg/μL。

CITIFLUOR Triton X‑100。

封闭液：1% BSA Fraction V KPBS 0.1% Triton X。

一抗，二抗，1∶200～1∶1 000 稀释于封闭液中。

1. 原初抗体温浴

（可选）再用甲醛固定 30 min，然后用 KPBS/0.1% Triton X 洗 3 次，每次 5 min。通过用加 200 μL 封闭液，用 22×22 mm 的盖玻片盖好，在潮湿室，37℃温浴 30 min。用 KPBS/0.1% Triton X 洗 3 次，每次 5 min，洗掉封闭液。

每个载玻片加原初抗体溶液(在封闭液中)50～100 μL,盖上盖玻片,在潮湿室中,4℃过夜。

2. 检测,计数

在 KPBS 中洗 3 次,每次 5 min。

用封闭液封闭 30 min,在潮湿室,37℃,30 min。

加入合适的二抗,用盖玻片盖好,37℃温浴 2 h。

用 KPBS 洗 3 次,每次 10 min。把载玻片装上 DAPI,用 22 mm× 40 mm 盖玻片盖上,保存在 4℃。

2.2.14 染色质免疫沉淀

染色质免疫沉淀和 PCR 根据[27]操作。使用 3 周大的幼苗和抗重组蛋白的抗体。PCR 引物列在附录 B。

1. 植物材料的准备

(1) 在 MS 平板上生长 3 周的幼苗。

(2) 用镊子收获拟南芥 2～4 g,放到 50 mL 的离心管中。

(3) 加入 37 mL 含 1% 的甲醛的预冷的 MC 缓冲液到 50 mL 离心管中。抽真空 2 次,每次 15～20 min。

(4) 加入 2.5 mL 2 mol 甘氨酸(终浓度 100 mmol)终止交联反应。用 MC 缓冲液完全清洗 3～4 遍。在吸水纸上吸一吸,放置 1 min,晾干。这些幼苗被转移到新的管子里,置于液氮中,放到−80℃或者直接进行下一步实验。

步骤一:染色质分离和超声波处理。

(5) 用研磨把样品磨碎,不要在研磨过程中解冻。

(6) 加 30 mL 抽提缓冲液 I 置于冰上或是 4℃,充分溶解。

(7) 用 4 层滤膜过滤这个匀浆到 50 mL 管子中。

(8) 4 000 r/min,4℃,离心 15 min。

（9）缓慢移出上清，用 1 mL 抽提缓冲液Ⅱ溶解，重悬沉淀。

（10）转移溶液到 1.5 mL 离心管中。

（11）12 000 r/min，4℃，离心 10 min。

（12）移出上清，用 300 μL 抽提缓冲液Ⅲ溶解，重悬沉淀。

（13）移出这 300 μL 重悬的溶液，加入到一个新的管子里，里面就有 300 μL 抽提缓冲液Ⅲ。

（14）16 000 r/min，4℃，离心 60 min。同时准备 Nuclear Lysis Buffer 和 Chip dilution buffer。

（15）移出上清液，用 300 μL Nuclear Lysis Buffer 重悬染色质沉淀。

（16）用移液枪上下重悬沉淀（始终保持在 4℃）。留出 5 μL 与超声处理后的样品（步骤 18）跑电泳比较。

（17）一旦重悬完，就用超声仪，合适的电压，每次 15 s，4 次。每次间隔 2 min。超声后的样品可以储藏在−20℃。

（18）13 000 r/min，4℃离心 5 min，移出上清到一个新的试管里。每个样品移出 50 μL，作为阳性对照，储于−20℃。

（19）检测超声的效率。电泳后，会看到 200～10 000 bp 的一片条带，在 500 bp 最集中。

（20）取 100 μL 超声后的样品，用 Chip dilution buffer 稀释 10 倍至 1 mL。

（21）首先在超声后的染色质里加 50 μL protein A agarose beads，4℃摇 1 h。

（22）3 800g，4℃离心 2 min，沉淀 protein A agarose beads。

（23）在上清中加入 5 μL RDM1 抗体，4℃，温浴过夜（不停摇动）。

（24）加入 70 μL protein A agarose beads，4℃，温浴 3 h。

（25）3 800g，4℃离心 2 min，收集 beads。

(26) 每次用 1 mL 下面的溶液洗涤,每次间隔 5 min,期间不停晃动。一次低盐洗液,一次高盐洗液,一次 LiCl 洗液和两次 TE 缓冲液。

a. 低盐洗液:150 mmol NaCl, 0.1% SDS, 1% TritonX - 100, 2 mmol EDTA, 20 mmol Tris - HCl (pH 值 8.0)。

b. 高盐洗液:500 mmol NaCl, 0.1% SDS, 1% TritonX - 100, 2 mmol EDTA, 20 mmol Tris - HCl (pH 值 8.0)。

c. LiCl 洗液:0.25 mol LiCl, 1% NP40, 1% sodium deoxycholate, 1 mmol EDTA, 10 mmol Tris - HCl (pH 值 8.0)。

d. TE 缓冲液:10 mmol Tris - HCl pH 值 8.0, 1 mmol EDTA。

步骤二:洗脱和交联反转。

(27) 加入 250 μL 新鲜的洗脱液,室温温浴 15 min,从珠子中洗脱免疫复合体。洗脱液:(1% SDS, 0.1 mol NaHCO₃),对于 10 mL:1 mL 10% SDS, 0.084 g 碳酸氢钠,加双蒸水至 10 mL。

(28) 3 800g, 4℃离心 2 min,转移上清到新的管子。

(29) 重复依次洗脱,室温,30 min, 3 800g, 4℃离心 2 min。混合这两次的洗脱液,约为 500 μL。同时在步骤 18 取出的 50 μL 超声后的染色质中,加入 450 μL 洗脱液,作为 input 控制。

(30) 每个试管加 20 μL 5 mol NaCl, 65℃温浴至少 4 h 或是过夜。

步骤三:蛋白消化和 DNA 纯化,PCR。

(31) 每个试管里加入 10 μL 0.5 mol EDTA, 20 μL Tris - HCl 1 mol (pH 值 6.5)和 2 μL 10 mg/mL 蛋白酶 K, 45℃温浴 1 h。

(32) 加等体积的(550 μL)酚/氯仿/异戊醇,混合。

(33) 13 800g, 4℃离心 15 min,转移上清(约 500 μL)到 2 mL 新的管子。

(34) 每个试管里加入 2.5 体积 100%无水乙醇,1/10 体积 3 mol 醋酸钠 pH 值 5.2, 4 μL 糖原,−80℃ 1 h。

（35）13 800g，4℃离心 15 min，倒掉上清，沉淀用 500 μL 70％乙醇洗涤，13 800g，4℃离心 10 min。

（36）把沉淀重悬在 100 μL 水。

第3章
结果与分析

3.1 通过筛选 ros1 的抑制子,确定了 RDM1 是转录基因沉默途径中的一个新成员

3.1.1 ROS1:植物中去甲基化酶的发现

研究 DNA 甲基化和去甲基化对于研究植物在逆境条件下的反应,具有非常重要的生物学意义。在拟南芥中,通过一个正向遗传学筛选,发现了 DNA 糖基化酶缺失使得 DNA 甲基化升高,抑制了基因表达。对于 DNA 糖基化酶突变体的研究为我们提供了强有力的证据:表明这些酶是 DNA 去甲基化酶。

我们在研究中使用 RD29A 启动子[该启动子在盐、干旱、冷和脱落酸(ABA)作用下启动],应用萤火虫荧光素酶基因(LUC)作为报告基因,去研究植物对于逆境环境的反应[108]。拟南芥 RD29A - LUC 转基因位于 3 号染色体上,而内源的 RD29A 基因在 5 号染色体上,转基因的植株在盐、干旱、冷和脱落酸(ABA)处理下释放出生物素荧光(图 3 - 1)。从这些正常表型中,我们发现 ros1(repressor of silencing)突变体,在那些处理下,并不能释放荧光。RD29A - LUC 转基因和内源的 RD29A 基因都

被沉默[28]，转基因 RD29A 的启动子和内源的 RD29A 的启动子都被高度甲基化，而在野生型植物(C24＋RD29A－LUC)的启动子中仅有很低水平的甲基化。转基因作为一个随机重复序列被插入到植物基因组中，24－nt siRNAs 的产生来自 RD29A 启动子的随机重复序列[51]。内源 RD29A 的沉默依赖于转基因。在突变体中的沉默是由于 RD29A 启动子的超甲基化，它的甲基化又依赖于启动子的 siRNAs。在许多 RdDM 途径成分的缺失的突变体中，可以抑制 LUC 基因的沉默及不发光的表型[32]。

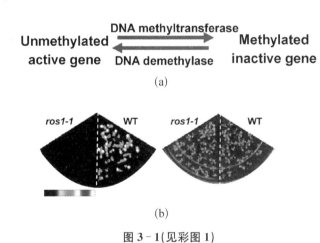

(a)

(b)

图 3－1(见彩图 1)

因此，尽管在野生型植物的启动子中 siRNAs 也是存在的，但是它们并不能启动有效的 DNA 甲基化，产生转录沉默。这就揭示到抑制沉默因子 ROS 存在于野生型和 RdDM 途径中成分的缺失突变体中[51]。它可以调节 24－nt siRNAs 的产生和积累，使得 RdDM 不能发生，也可以通过减少 DNA 甲基化反向影响 RdDM(DNA demethylase)或者异染色质组蛋白修饰标记物(histone H3 lysine 9 demethylase)。通过图位克隆分离出 ROS1 基因，编码一个大的核蛋白，包含一个 C 端的 DNA 糖基化区域和 N 端组蛋白 H1 类似区域。ros1－1 突变体是终止子的提前终止，产生了许多缺失的蛋白，包括 DNA 糖基化区域，而ros1－2是在

DNA 糖基化酶保守区域产生的点突变[28]。

ROS1 是 4 个糖基化酶中的一个,还包括 Demeter（DME）、DML2（DME - like 2）和 DML3。在体内 ROS1 抑制了 DNA 甲基化,表明在拟南芥中 ROS1 是 DNA 去甲基化酶;同时,在体外,重组的 ROS1 蛋白也能够特异性剪切甲基化的质粒而不能剪切非甲基化的质粒[28]。被 DNA 糖基化酶家族中的 ROS1 调节的去甲基化对于阻止超甲基化和转基因重复,特定内源基因,转座子和其他特定序列的转录沉默起到非常重要的作用[28, 32, 33, 59, 71, 107]。在突变体 ros1 中,这些序列的转录沉默水平增强了。为了确定 RdDM 途径中的其他影响因子,我们采取了遗传筛选 ros1 突变体抑制子的工作。

3.1.2 在 ros1 突变体背景下,rdm1 突变体抑制了转基因以及其内源基因的转录基因沉默

我们已经知道,在野生型拟南芥中,在 RD29A 启动子启动下的荧光素酶基因的(RD29A - LUC)转基因重复产生的是低水平 siRNAs,它不能启动 DNA 甲基化、RD29A - LUC 转基因或者内源 RD29A 的转录基因都没有被沉默[28]。当 DNA 去甲基化酶基因 ROS1 缺失时,siRNAs 的产生使得启动子 DNA 超甲基化,RD29A - LUC 转基因和内源 RD29A 基因的转录被沉默。在 CaMV 35S 启动子带动下的 NPTII 转基因与 LUC 转基因是相关联的,在 ros1 突变体中也是被沉默的。来自 RD29A 转基因的启动子的 siRNAs 可以启动转基因和内源 RD29A 启动子的甲基化,但是这个影响可以被具有 DNA 去甲基化酶活性的 ROS1 消除[28]。

RdDM 途径中的突变体,包括 ago 4,ago 6[106],nrpd1,nrpe1,nrpd2/ nrpe2,rdr2 或者 dcl3[32]可以释放或者阻止在 ros1 突变背景下的甲基化诱导的转录基因沉默。为了确定 RdDM 途径中新的成分,采

用 T - DNA 插入突变 ros1 - 1 群体,通过低温处理[32],根据 LUC 的表达(i. e., luminescence)来筛选 ros1 沉默的抑制子。得到两个抑制子突变体,rdm1 - 1,rdm1 - 2 用于此项研究。

　　与野生型拟南芥不一样,ros1 突变体在经过冷处理后释放了一点或者基本没有释放荧光,并且对卡那霉素十分敏感。而 ros1rdm1 - 1 和 ros1rdm1 - 2 突变体则释放出很强的荧光,并且具有部分卡那霉素抗性(图 3 - 2a),说明 RD29A - LUC 和 35S - NPTⅡ转基因沉默被抑制或者部分被抑制。通过杂交 ros1rdm1 - 1 和 ros1,F1 植株具有 ros1 的发光表型,来自自交 F₁ 的 F₂ 后代分离比 ros1∶ros1rdm1 大约为 3∶1,这就说明 rdm1 - 1 突变体是隐形突变。

　　为了检测 ros1rdm1 - 1 突变体中内源的 RD29A 基因还有 LUC 和 NPTⅡ转基因的 mRNA 水平,我们从 WT,ros1 和 ros1rdm1 - 1 抽提了总 RNA,做了 Northern 杂交。和先前得出的结果一致[28],在 ros1 突变体中,LUC 和 NPTII 转基因的表达,还有内源 RD29A 基因的表达都被阻止(图 3 - 2b)。在 ros1rdm1 - 1 突变体中,LUC 和内源 RD29A 基因的表达明显高于在 ros1 突变体中的表达。与 ros1rdm1 - 1 突变体具有部分卡那霉素抗性一致的是,在 ros1rdm1 - 1 突变体中,NPTⅡ基因的表达略微高于在 ros1 突变体中的表达(图 3 - 2c)。两个对照基因的表达,看家基因 TUBULIN 和压力反应基因 COR15A,并没有因为不同的突变体而受到影响。这些结果进一步确定了 rdm1 突变体在 ros1 突变的背景下释放了 RD29A - LUC 转基因和内源 RD29A 基因的沉默,部分释放了 35S - NPTⅡ转基因的沉默。

　　为了确认在 ros1rdm1 - 1 突变体中抑制沉默发生在转录水平而不是由于提高了 mRNA 的稳定性导致的,我们用冷处理 48 h 的材料做了核连缀转录分析,与 ros1 突变体相比,在 ros1rdm1 - 1 突变体中的 RD29A 和 LUC 的初始 mRNA 转录水平明显提高,而 NPTII 只是略微

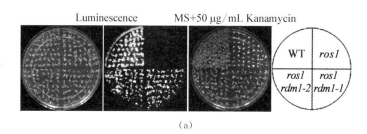

(a)

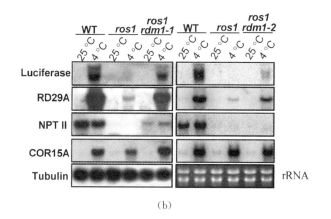

(b)

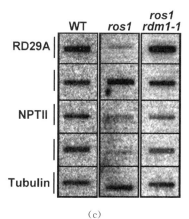

(c)

图 3‑2　rdm1‑1突变对 RD29A‑LUC 和 35S‑NPTII 沉默，
小 RNA 和 DNA 甲基化的影响(见彩图 2)

(a) rdm1 突变体荧光素酶活性和卡那霉素抗性。Wild type（WT），ros1，ros1rdm1‑1
　　和 ros1rdm1‑2 生长 10 d,4℃冷处理 48 h 成像。卡那霉素抗性检测，种子种在含
　　有 35 mg/L 的 MS 培养基上,生长 2 周照相。

(b) 基因表达的 Northern 印迹。在 25℃生长两星期的植物,4℃处理 48 h。

(c) mRNA 前体转录本核连缀转录分析。生长两星期的植物,4℃处理 48 h

高一些(图 3－2c),这与 Northern 杂交结果一致。对照基因 COR15A 和 Tubulin 在 wild-type,ros1 和 ros1rdm1－1 表达水平类似。这些结果进一步说明了在 ros1rdm1－1 中抑制了沉默是由于提高了 RD29A, LUC 和 NPTII 基因的转录。

3.1.3 rdm1－1 突变体阻止了 RD29A 启动子 24 nt siRNAs 的产生以及抑制了启动子的超甲基化

通过小 RNAs Northern 杂交,分析 rdm1－1 突变对 siRNAs 是否有影响。野生型和 ros1,ros1rdm1－1 和 rdm1－1 相比,ros1rdm1－1 和 rdm1－1 中的 RD29A 启动子的 siRNAs 急剧减少(图 3－3)。然而 rdm1－1 突变体中并没有影响 miR171 或者 ta-siRNA255 的水平 (图 3－3)。这些都说明 rdm1－1 也许在 ros1 中通过阻止这些指导同源序列超甲基化的 siRNAs 的产生来抑制转录基因沉默。

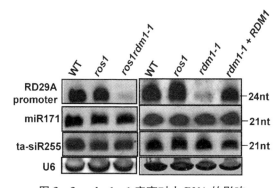

图 3－3 rdm1－1 突变对小 RNA 的影响

小 RNA 检测,在 WT, ros1,rdm1－1 单突变体,ros1rdm1－1 双突变体, and a rdm1－1 互补系(rdm1＋RDM1;T3 代)

在 ros1 中,RD29A－LUC 转基因和内源 RD29A 基因的转录沉默是与 RD29A 启动子的超甲基化相关联的,用 DNA 甲基化抑制剂 5－aza－2′－deoxycytidine可以恢复这个转录沉默[28]。在 ros1 中突变 DRM2 和 CMT3 也可以释放转录沉默(未发表数据)。为了检测是否在

ros1rdm1-1 中抑制 RD29A 和 RD29A-LUC 的沉默与 RD29A 启动子甲基化缺失相关联,我们用 bisulfite sequencing 分析了 RD29A 启动子的甲基化状态。在 ros1 突变体中所有序列(CpG,CpNpG and CpNpN)的胞嘧啶都发生了沉重的甲基化,而在 ros1rdm1-1 突变体中甲基化被急速降低(图 3-4 和图 3-5)。

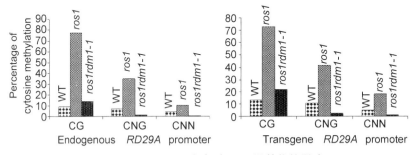

图 3-4 rdm1-1 突变对 DNA 甲基化的影响

硫酸氢盐测序(bisulfite sequencing)检测内源(左)和转基因(右)RD29A 启动子的甲基化状态

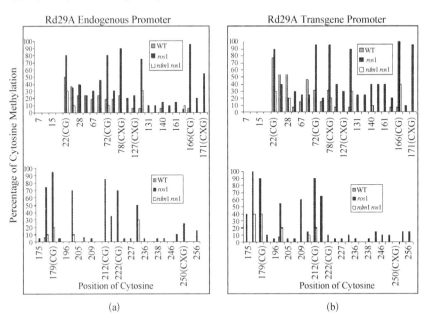

(a)   (b)

图 3-5 硫酸氢盐测序检测 RD29A 启动子甲基化状态的具体细节

(a) 在 WT,ros1 和 ros1rdm1-1 双突变体中内源 RD29A 启动子甲基化状态;

(b) 在 WT,ros1 和 ros1rdm1-1 双突变体中转基因 RD29A 启动子甲基化状态

在野生型植物中,内源和转基因 RD29A 启动子 CpG 甲基化水平(内源基因启动子 9% 和转基因启动子 14%),在 ros1 中非常高(内源基因启动子 78% 和转基因启动子 73%)。这些 CpG 甲基化水平在 ros1rdm1‑1 急速降低(内源基因启动子 14% 和转基因启动子 22%)。尽管它们仍然在某种程度上要比野生型植物高,但是有趣的是,在 ros1rdm1‑1 中内源和转基因 RD29A 启动子的 CpNpG 和 CpNpN 甲基化水平甚至都低于野生型(图 3‑4)。这些结果表明在 ros1 背景下,rdm1‑1 突变通过阻止在 RD29A 启动子的超甲基化来抑制转录基因沉默。

3.1.4　rdm1 突变体减少了 siRNAs 的产生,提高了 RdDM 途径内源基因的表达水平

为了研究 rdm1‑1 突变对于 RdDM 途径中内源目标序列的潜在影响,我们检测了 RdDM 途径中相关联的可以检测的 24‑nt siRNAs:Pol Ⅳ 和 Pol Ⅴ‑依赖的(type Ⅰ)位点 siRNA1003(5S rDNA),AtSN1,AtGP1,AtMU1 和 SIMPLEHAT2;和 Pol Ⅳ 依赖的但是 Pol Ⅴ 不依赖的(type Ⅱ)位点 siRNA02 和 cluster 2(图 3‑6a)。

rdm1‑1 突变消除了 AtSN1 和 SIMPLEHAT2 的 siRNAs。对于 siRNA1003,AtGP1 和 AtMU1,rdm1‑1 突变也明显减少了它们的 siRNAs 水平(图 3‑6a)。同样,在 rdm1‑2 突变体中,siRNA1003 也显著降低(图 3‑7a)。然而 rdm1‑1 突变体并没有影响 type Ⅱ 位点 siRNA02 和 cluster 2 siRNAs 的小 RNA 水平(图 3‑6a)。这些结果说明,RDM1 是对于 type Ⅰ 的 24‑nt siRNAs 是必需的,而对 type Ⅱ 则不是。

用实时定量 RT‑PCR 分析了 rdm1‑1 突变体中内源 RdDM 目标位点的表达情况,我们发现 AtSN1,AtGP1,AtMU1 和 AtLINE1 的表达高于在野生型里的表达,但是却低于在 Pol Ⅳ 突变体,nrpd1 里的表

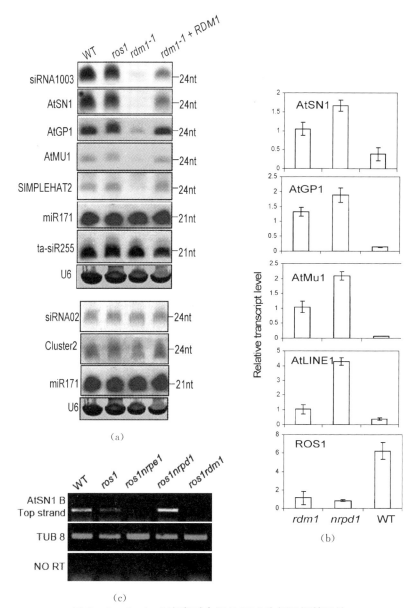

(a)

(b)

(c)

**图 3 - 6 rdm 1 - 1 突变对内源 RdDM 途径目标基因的
siRNA 和转录水平的影响**

(a) 多种 siRNA 的检测。U6 snRNA 作为对照。标记物的位置是 24 nt 或者 21 nt。

(b) 用实时 RT - PCR 检测转录水平。转录水平用 Tubulin8 作为内参进行标准化。

(c) RT - PCR 分析 Pol V 依赖的 AtSN1 的转录。TUB8 作为内参。NO RT(没有反转录作为
有无 DNA 污染的控制)

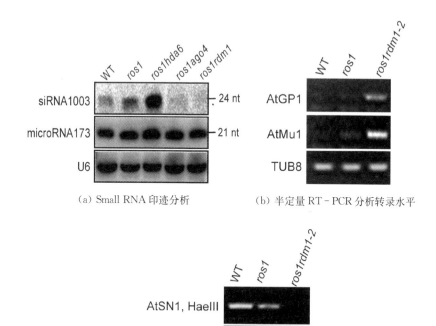

（a）Small RNA 印迹分析　　　　（b）半定量 RT‐PCR 分析转录水平

（c）AtSN1 的甲基化状态

图 3‐7　rdm1‐2 突变对 siRNA 和转录水平与 DNA 甲基化的影响

达（图 3‐6b）。RT‐PCR 分析也发现在 ros1rdm1‐2 突变体中 AtGP1 和 AtMU1 表达水平也升高了（图 3‐7b）。与 nrpd1 和其他 RdDM 途径中的突变体[25]相一致，rdm1‐1 突变体中，ROS1 的转录水平也降低了（图 3‐6b）。在 rdm1‐1 突变体中，Pol V 依赖的 AtSN1‐B 的转录也被大大地减少（图 3‐6c）。

3.1.5　rdm1 突变体减少了 RdDM 途径内源基因的非 CG 甲基化水平

在 rdm1‐1 突变体中，AtSN1，AtGP1，AtMU1 和 AtLINE1 的表达增强，那是否意味其甲基化水平是降低的？通过用甲基化敏感的限制性内切酶 HaeIII 或者甲基化 DNA 特异识别的酶 McrBC 消化酶切，然后进行 PCR 分析，可以得到许多位点上的 DNA 甲基化水平[57,69]。在野生型和 ros1 突变体中，AtSN1 元件被高度甲基化，HaeIII 不能酶切。在 ros1rdm1-1 和 rdm1-1，还有 nrpd1 中，AtSN1 元件甲基化水平是降低的，HaeIII 酶切后 PCR，并没有 PCR 扩增产物（图 3-8a）。

同样，ros1rdm1-2 与 ros1 和野生型相比，AtSN1 的甲基化也是降低的（图 3-7c）。野生型和 ros1 突变体，经过 McrBC 酶切消化后，AtGP1，AtMU1 和 AtLINE1 具有低水平的扩增，而在 ros1rdm1-1，rdm1-1 和 nrpd1 中则是高水平的扩增（图 3-8a），说明 AtGP1，AtMU1 和 AtLINE1 的甲基化水平在野生型和 ros1 中是高于在 ros1rdm1-1，rdm1-1 和 nrpd1 的。这些结果也与这些位点在 rdm1 中表达水平的提高相一致。

在 rdm1-1 中 siRNA1003 的减少表明 RDM1 也许是 5S rDNA 位点 DNA 甲基化所必需的。Southern 印迹分析，在野生型中 5S rDNA

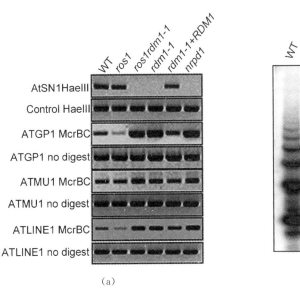

(a)

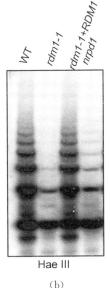

Hae III

(b)

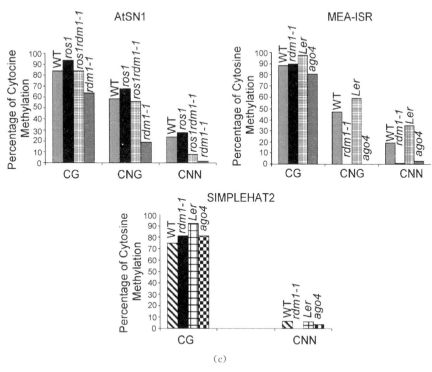

图 3 - 8　rdm1 - 1 突变对内源 RdDM 途径目标基因的 DNA 甲基化的影响

(a) 用 PCR 基于的矩阵检测 DNA 甲基化的状态。At2g19920 基因,缺少 HaeIII 位点,被用作 AtSN1 的 PCR 对照。来自不同样本的未消化的 DNA 用作 AtGP1 的对照。对于 McrBC 消化和未消化的样本,AtMu1 和 AtLINE1 的 PCR 分别是 30 和 35 个循环。

(b) Southern 印迹分析 5S rDNA 重复的甲基化状态。基因组 DNA 用甲基化敏感的酶 HaeIII 进行消化。

(c) 硫酸氢盐测序检测 AtSN1,MEA - ISR 和 SIMPLEHAT2 的甲基化状态

的 CpNpN 位点有相对高度的甲基化水平,用甲基化敏感的 HaeIII 酶切,随机 5S 基因重复被不完全酶切成单体,类似于 marker(图 3 - 8b)。而不同的是在 rdm1 - 1 中 HaeIII 消化的随机 5S 基因重复更加完全,说明在 rdm1 - 1 中 5S rDNA 的 CpNpN 的甲基化降低了。相类似的结果在对 nrpd1 的研究中已有报道[36,49,69]。

为了进一步检测 rdm1 - 1 突变对于不同序列甲基化的影响,对一些位点用硫酸氢盐测序(图 3 - 8c 和图 3 - 9)进行检测、分析。

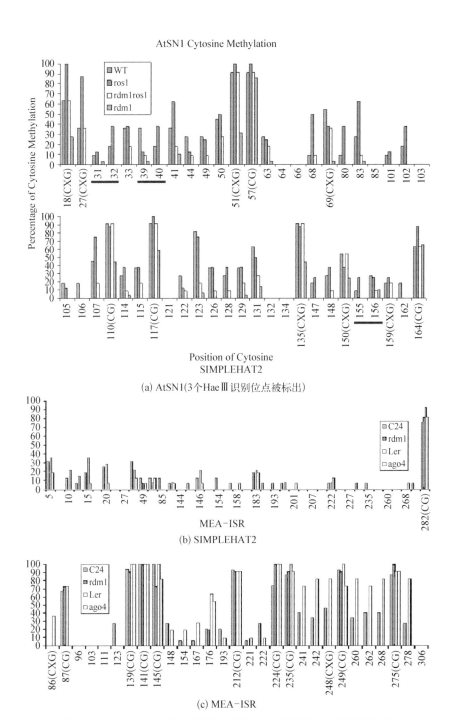

图 3-9 A，B，C 硫酸氢盐测序检测 DNA 甲基化状态的具体细节

三个不同位点检测(反向转座子 AtSN1,端粒重复 MEA‐ISR 和 DNA 转座子 SIMPLEHAT2),rdm1‐1 突变体阻止了 CpNpN 甲基化形式,但是对于 CpG 甲基化形式基本没有影响。同时在 AtSN1 和 MEA‐ISR 也减少和阻止了 CpNpG 甲基化形式,rdm1‐1 对于这些位点的影响类似甚至略微高于 ago4(图 3‐8c)的影响。因为不对称甲基化不能被维持,所以这些结果表明:RDM1 在重新甲基化方面是至关重要的。

3.2 RDM1 基因的分离和功能分析

3.2.1 RDM1 编码一个小的核蛋白

尽管 rdm1 突变体是从 T‐DNA 插入突变体库里得到的,但是发现在两个突变体中 RDM1 基因里并没有 T‐DNA。为了分离出 RDM1 基因,通过用 AtSN1 位点 DNA 甲基化减弱的表型进行了图位克隆。最初选用的 5 个拟南芥染色体上的单序列长度多态性的标记物进行了粗定位,发现 RDM1 在 3 号染色体上。继续用 SSLP 标记物精细定位 RDM1 在一个非常窄的、3 个 BAC 克隆区域中(F5N5,MWI23 和 F16J14)(图 3‐10a)。从野生型和 ros1rdm1‐1 突变体中把这些 BACs 中的候选开放表达阅读框扩增,测序。在 rdm1‐1 中 At3g22680 基因中一个单碱基发生了突变(图 3‐11a),这个突变从 TAT 到 TAA,导致提前终止,因此使这个蛋白在 Tyr‐152 位置后缺失(图 3‐11b)。

在 rdm1‐2 突变体中,是在 At3g22680 中一个 45‐bp 核苷酸,15 个氨基酸的缺失(图 3‐11b)。一个 T‐DNA 插入突变体(FLAG_298G06)是在 At3g22680 基因 5′UTR 区域的突变,命名为 rdm1‐3(图3‐11a和图 3‐12a)也展示出在 AtSN1 位点的 DNA 甲基化的减少

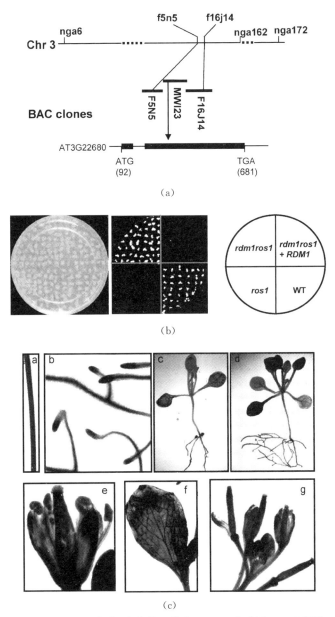

(a)

(b)

(c)

图 3-10　图位克隆,突变体互补和 RDM1 启动子: GUS 表达

(a) 物理图谱和 RDM1 基因结构; (b) RD29A - LUC 转基因在 WT, ros1, ros1rdml - 1 的表达和一个代表性 ros1rdml - 1 互补系的 T3 代发芽; (c) RDM1 启动子: GUS 在不同植物组织的表达。a. 干细胞;b. 根;c. 10 d 的幼苗;d. 20 d 的幼苗;e. 花;f. 茎叶;g. 花序。

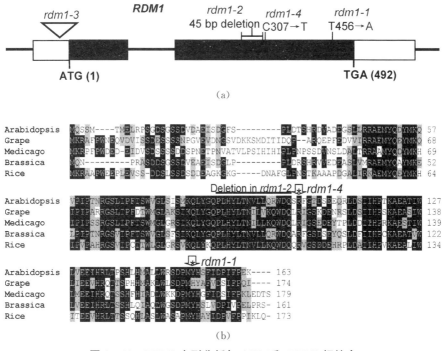

图 3‐11　RDM1 序列分析与 AGO4 和 DRM2 相结合

(a) RDM1 的基因结构(比较 RDM1 基因组和 cDNA 序列)和 rdm1 突变体的位置。rdm1‐4 突变体是从一个独立的正向遗传筛选中获得的,影响了 siRNA 和 DNA 甲基化(图 S10)。外显子和内含子分别用盒子和线标出。开放的盒子,未转录区域;黑色盒子,开放阅读框。

(b) 来自不同植物中的 RDM1 的氨基酸比对。相对保守的区域是阴影。rdm1‐1 中提前终止的用箭头标出。rdm1‐2 缺失的区域用线标出。rdm1‐4 突变体(从 CGA 到 TGA)改变了一个保守的 Arg‐103 到提前终止的终止子。保守的蛋氨酸(methionine)被突变为丙氨酸(alanine),用在 EMSA 反应中用盒子标出。

(c) Western 印迹分析 RDM1 蛋白水平。考马斯亮蓝胶(左边)或者一个非特异性条带(右边)被当作上样对照

(图 3‐12b)。所有三个 rdm1 突变体中 RDM1 蛋白水平都强烈地减少了(图 3‐11c)。在 rdm1‐4 突变体中,由于 C(456)变成了 T,导致了提前终止(图 3‐11a, b)。在为了进一步确定 At3g22680 确实就是 RDM1 基因,转化了 3‐kb 野生型的基因组片段,包含 RDM1 启动子和编码区,进入 ros1rdm1‐1 突变体。转基因可以互补 ros1rdm1‐1 突变体,恢复 LUC 转基因的沉默(图 3‐10b)。在互补的转基因植株

里,被影响的 24 - nt siRNAs 和 DNA 甲基化也被恢复到了野生型的水平。

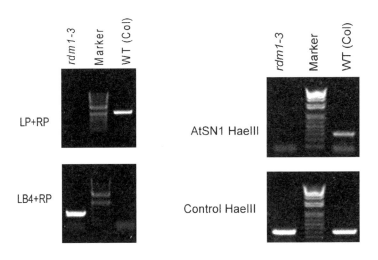

FLAG line LB4:　　　　CGTGTGCCAGGTGCCCACGGAATAGT
FLAG_298G06 LP:　　　TCAGGAAAGATTGGGTCAATG
FLAG_298G06 RP:　　　GAAACCTCCGTTGGAAGATTC

(a)　　　　　　　　　　　　　　　　(b)

图 3 - 12　rdm 1 - 3 突变体在 AtSN1 甲基化上是缺失的
(a) rdm1 - 3 突变体的确定,下面是所用的引物。
(b) rdm1 - 3 中的 AtSN1 甲基化

　　对 RDM1 蛋白进行预测,发现它并不包含任何已知的区域,并且在其他生物中也没有类似的蛋白。在高等植物,单子叶植物和双子叶植物中,RDM1 似乎表现出高度保守(图 3 - 11b;图 3 - 13a, b)。

　　为了检测 RDM1 组织和发育表达模式,融合 RDM1 基因启动子和 β-glucuronidase 报告基因(GUS)。转基因植物分析表明,RDM1 在根、叶片、花、花芽和角果(图 3 - 10c)中表达。成熟叶片中 RDM1 的表达高于幼嫩的叶片(图 3 - 10c)。

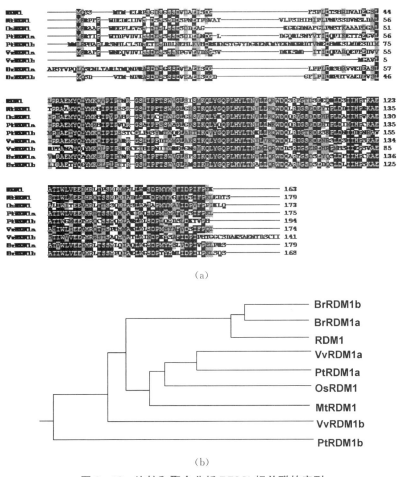

(a)

(b)

图 3－13　比较和聚合分析 RDM1 相关联的序列

（a）不同植物中的 RDM1 相关联序列的比对。保守残基用黑色表示。
（b）不同植物中的 RDM1 相关联蛋白的聚合分析

3.2.2　RDM1 结合单链甲基化的 DNA

重组的 RDM1 蛋白被结晶，用 X-ray 得到它的结构[2]。在二聚体的 RDM1 结构中（附录 A），每一个单体有一个亲水的区域，可以结合一分子的 CHAPS（在蛋白纯化和结晶中使用），因为 CHAPS 有一个甲基集团可以与 RDM1 结合，我们猜测 RDM1 是否也可以结合甲基化的 DNA 或者 RNA。重组的 His 标记的 RDM1 蛋白被表达在细菌里，纯化，并且用电泳凝胶阻滞检测它结合非甲基化或者甲基化的 DNA 或者 RNA 寡核苷酸(图 3‐14)。发现 RDM1 可以结合单链甲基化

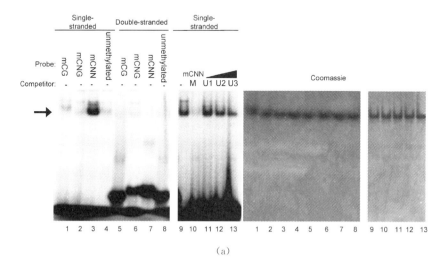

(a)

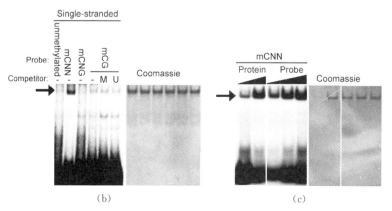

(b)   (c)

图 3‐14   RDM1 结合单链包含 mCNN 位点的 DNA

(a) 凝胶阻滞实验表明 RDM1 结合包含 mCNN 的探针，用未标记的甲基化的(M，5×)或者未甲基化的探针(U1，5×;U2，50×;U3，100×)竞争。左，放射性自显影;右,考马斯亮蓝染的胶。箭头指的迁移的斑对应 RDM1。

(b) RDM1 结合包含 mCG 的探针,用未标记的甲基化的(M，5×)或者未甲基化的探针(U1，5×)竞争。

(c) RDM1 蛋白的数量和探针的数量对结合 mCNN 探针的影响

的 DNA,包含 4 个 meCpNpN 位点,但是不与相同序列非甲基化的 DNA 结合(图 3 - 14a,lanes 3 和 4;图 3 - 14b,lanes 1 和 2)。当提高蛋白的数量或者提高标记探针数量时,结合明显增强(图 3 - 14c,lanes 1 - 5)。与 mCpNpN 探针结合可以被未被标记的 mCpNpN 探针竞争消除。但是不能被非甲基化的未标记的探针竞争消除(图 3 - 14a,lanes 9 - 13)。尽管这里也有一点与包含 mCpG 位点的探针结合(图 3 - 14a,lane 1),但是它用未标记的甲基化的和非甲基化的探针都不能竞争消除这个信号(图 3 - 14b,lanes 4 - 6),表明这个结合是非特异性的。RDM1 并不能结合双链的 DNAs,甲基化或者非甲基化(图 3 - 14a,lanes 5 - 8)。它也不能结合一半甲基化的双链 mCG 和 mCXG 探针,未甲基化的 RNA 或者小 RNAs(从植物中抽提)。

突变 RDM1 蛋氨酸 M - 50 成丙氨酸 A,该突变蛋白结合 mCpNpN 探针的能力明显减弱(图 3 - 15a)。并不像野生型 RDM1 转化 ros1rdm1 突变体可以恢复 AtSN1 甲基化和 LUC 表型,RDM1(M50A)转基因并不能互补 rdm1 突变(图 3 - 15b,c)。野生型和突变型的 RDM1 蛋白水平基本一致(图 3 - 15d)。M - 50 接近 RDM1 结构中亲水区域的位置[2]。这个结果表明 CHAPS 结合亲水区域也许对于 RDM1 结合甲基化的 DNA 非常重要,并且这个结合对于体内 RDM1 的功能至关重要。

为了检测 RDM1 在体内是否也与甲基化的 DNA 相关联,运用染色质免疫共沉淀(ChIP)实验,可以在野生型(Col)看到 RdDM 目标位点像 AtLINE1 - 4,AtGP1,AtSN1 和 Ta2(图 3 - 16)有弱的信号,同时在 rdm1 - 3 突变体中并没有信号。这个结果表明在体内 RDM1 与 RdDM 目标位点序列是相互关联的。与此相反的是,RDM1 并不与非甲基化的序列和编码区被 CpG 甲基化的序列相关[59](图 3 - 16)。

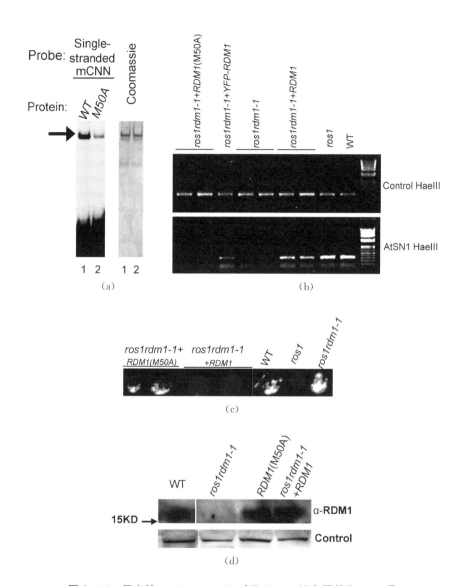

图 3–15　保守的 methionine–50 对于 RDM1 结合甲基化 DNA 是
非常重要的以及 RDM1 体内的功能(见彩图 3)

(a) RDM1，M50A 突变对于结合包含 mCG 探针的影响。

(b) M50A 突变对于 AtSN1 甲基化的影响。在 WT，ros1,ros1rdm1–1 和用野生型
RDM1，RDM1–YFP 或者 RDM1(M50A)互补 ros1rdm1–1 的转基因植株。

(c) M50A 突变对于荧光素酶基因表型的影响。叶子用 300 mmol NaCl 处理 4 h,然后
成像。

(d) Western 印迹分析 RDM1 蛋白的水平,一个非特异性条带用作上样对照

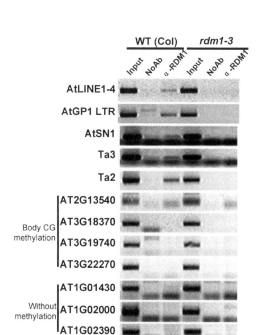

图 3‑16　**RDM1** 重组蛋白抗体进行染色质免疫沉淀。输入的相等数量
扩增说明在免疫沉淀中使用相等数量的染色质。无抗体表示
在沉淀中没有使用抗体,作为阴性对照

3.3　RDM1 是 RdDM 受体复合体蛋白中的一个组成部分

3.3.1　RDM1 与 AGO4,Pol Ⅱ 和 DRM2 相关联

rdm1‑1 突变体对于 24‑nt siRNAs 和 DNA 甲基化方面的影响类似于 ago4 突变体,表明 RDM1 也许是在 RdDM 中下游途径起作用。RDM1 是否在体内与 AGO4 相结合,通过用免疫共沉淀实验。有功能的 Myc 标记的 AGO4 是在自己的启动子启动下表达[55]。在 Myc‑AGO4 植物中,用 anti‑Myc 抗体免疫沉淀,用重组的 RDM1 蛋白制备

的抗体,检测到了 RDM1(图 3 - 17a)。同时用 anti - RDM1 抗体免疫沉淀,用 anti - Myc 抗体也检测到了信号。这些结果表明 RDM1 在体内是与 AGO4 相关联的。有趣的是,我们也发现,RDM1 也与 Pol Ⅱ 中的 NRPB1 相结合(图 3 - 17b),但是却没有与 NRPD1 或者 NRPE1 相结合(数据未展示)。用 anti - FLAG 抗体从 FLAG - DRM2 植物和没有 FLAG - DRM2(WT)的蛋白抽提物中免疫沉淀,只在 FLAG - DRM2 植物蛋白中检测到了 RDM1,而在 WT 中并没有看到信号(图 3 - 17c)。这些都说明 RDM1 在体内也与 DRM2 相关联。

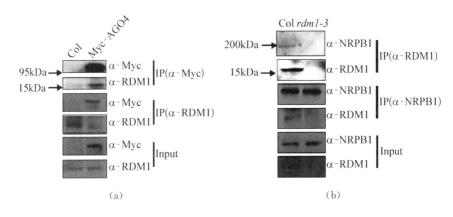

(a)   (b)

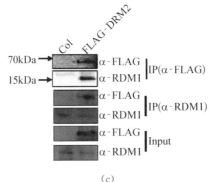

(c)

图 3 - 17   RDM1 与 AGO4 和 DRM2 相结合

(a) Myc - AGO4 RDM1 的免疫共沉淀。
(b) NRPB1 和 RDM1 的免疫共沉淀。
(c) FLAG - DRM2 和 RDM1 的免疫共沉淀

3.3.2　RDM1 与 AGO4，Pol Ⅱ 和 DRM2 共定位

用 RDM1 的抗体通过免疫荧光检测 RDM1 的定位。RDM1 产生的免疫荧光信号分散在核质附近，没有任何积累偏好，接近于磷酸二铵密集的染色区域。在核仁周围有一个突出的信号（图 3 - 18）。这些都类似于 RdDM 途径中的其他成分的定位模式[73, 55]。在 rdm1 - 1 突变体中免疫信号的强度被强烈减弱（图 3 - 18）。这与突变体中 RDM1 蛋白水平的减少是一致的（图 3 - 19），说明这个免疫信号是 RDM1 特异的信号。

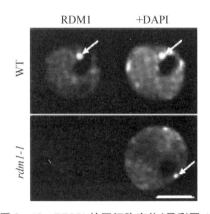

图 3 - 18　RDM1 的亚细胞定位（见彩图 4）

对天然蛋白专一的抗体用免疫染色（绿色）分析了 RDM1 在核的信号

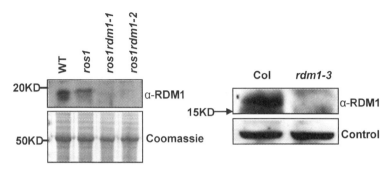

图 3 - 19　Western 印迹分析 RDM1 蛋白水平

考马斯亮蓝胶（左边）或者一个非特异性条带（右边）被当作上样对照

为了确认 RDM1 是否与 RdDM 途径中其他成分共定位,运用双免疫技术,FLAG 标记的 NRPD1,NRPE1[73] 或者 DRM2 和 Myc 标记的 AGO4[55]。红色信号是(NRPD1,NRPE1,AGO4 或者 DRM2),绿色信号是(RDM1),交叉的信号就是黄色信号表明 RDM1 与 AGO4,DRM2 在细胞核有交叉(图 3-20a),这与免疫共沉淀数据是一致的。

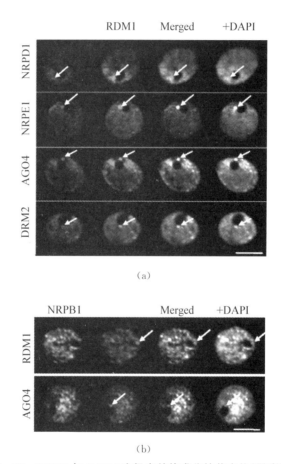

图 3-20　RDM1 与 RdDM 途径中其他成分的共定位(见彩图 5)

用 RDM1 抗体(绿色)(全长蛋白制的)和标签标记的 FLAG-NRPD1,Myc-AGO4,FLAG-NRPE1 和 FLAG-DRM2(红色)转基因株系进行双免疫定位。RDM1 大部分与 AGO4 和 DRM2 共定位,红色和绿色重叠的就是黄色信号。RDM1 也部分与 NRPE1 在核仁周边点交叉。RDM1 和 Pol Ⅱ 的 NRPB1 有大量的重叠。AGO4 和 NRPB1 也有大量的重叠。在所有的栏里,DNA 用 DAPI 染(蓝色)。Bars 的大小是 5 μm

强的 NRPE1 信号在核仁周围与 RDM1 也有重叠交叉，但是两个蛋白在胞质的其他地方很少有交叉。

同时，与免疫共沉淀一致的是，用红色信号表示 RDM1 和 AGO4，绿色信号表示 Pol Ⅱ 的 NRPB1，RDM1 和 AGO4，Pol Ⅱ 的 NRPB1 有大量的重叠（图 3 - 20b）。AGO4 和 NRPB1，在细胞质中也有大量的重叠（图 3 - 20b）。我们发现 AGO4 的相间模式在 rdm1 - 1 中被改变（图 3 - 23），表明 AGO4 的定位模式是依赖于 RDM1 的。与此不同的是，在 rdm1 - 1 中，NRPD1 和 NRPE1 仍然维持着典型的定位模式（图 3 - 23）。

用 RDM1 C 端的一个多肽抗体，可以观察到一个点状的 RDM1 在核质的定位模式，但是用全长重组蛋白制得的抗体并不能观察到核仁的信号（图 3 - 21a, b）。可能的解释就是因为被抗多肽抗体识别的表位被在核仁周围与另外蛋白结合所掩盖。在 rdm1 - 1 中，缺失的位置要比制备多肽抗体的位置靠前。与预想的结果一致，在 rdm1 - 1 核里，用多肽抗体，免疫信号强度急速减弱（图 3 - 21a），说明这个抗体信号是特异的。用多肽抗体的双免疫定位实验展示了 RDM1 也是与 Myc - AGO4 和 YFP - DRM2[75] 信号相重叠（图 3 - 22）。这也是与 RDM1 重组蛋白制成的抗体所得到的结果一致，很少或几乎没有 NRPD1 或者 NRPE1 在细胞质中与 RDM1 相重叠（图 3 - 22）。综上所述，免疫定位和免疫共沉淀数据都说明 RDM1 在体内是与 AGO4 和 DRM2 共定位的。

对 RdDM 途径中突变体的 RDM1 进行核的定位，结果显示除 ago4 外，在 nrpd1，rdr2，dcl3 和 drm2 突变体中 RDM1 的信号强烈减少（图 3 - 21a, b）。免疫印记分析表明 RDM1 蛋白水平在 rdr2 突变体中被急速降低（图 3 - 21c）。同时 RDM1 蛋白水平在 nrpd1，nrpe1 和 drm2 也减少了，但在 ago4 中很少被影响（图 3 - 21c）。在 nrpd1 中，RDM1 有

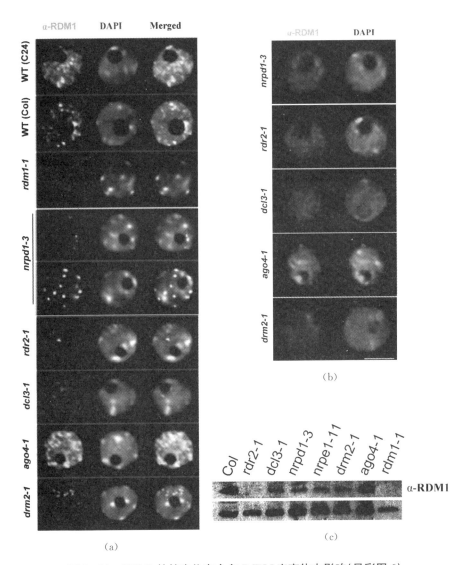

图 3 - 21   RDM1 的核定位在众多 RdDM 突变体中影响（见彩图 6）

(a) 用 anti - RDM1 多肽抗体进行免疫染色。

(b) 用 anti - RDM1 重组蛋白抗体进行免疫染色。

(c) Western 印迹分析众多突变体各自的总蛋白中 RDM1 蛋白水平（使用重组蛋白抗体）。一个非特异性条带作为上样对照

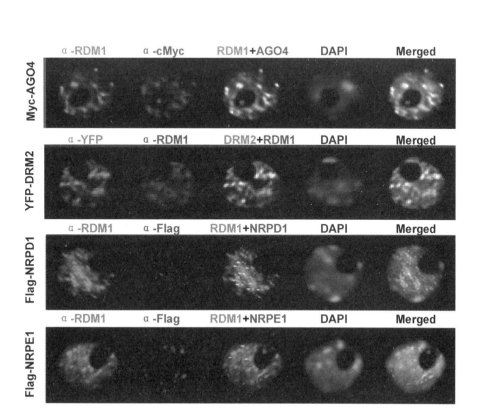

图 3‑22　用 anti‑RDM1 多肽抗体进行 RDM1 和其他 RdDM
途径中成分的双免疫定位(见彩图 7)

两种模式,都减弱,但一种比另外一种更加明显。这些结果说明了在
nrpd1,nrpe1,rdr2,dcl3 和 drm2 突变体中 RDM1 蛋白的稳定性都受到
了影响。

　　同时也检测了在 rdm1‑1 突变体中一些 RdDM 途径中已知成分的
定位,它们也会受到影响。NRPD1,AGO4 和 NRPE1 特异性的抗体在
rdm1‑1 突变体中被使用。仅仅 AGO4 的模式受到影响,而 NRPD1 和
NRPE1 仍然维持原来的定位模式(图 3‑23)。

　　NRPD1,NRPE1 和 AGO4 用各自特异性的抗体进行免疫染色。

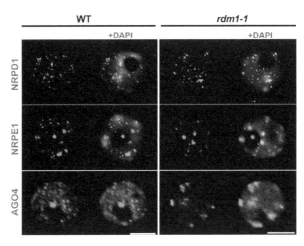

图 3‑23   rdm1‑1 突变体对于其他 RdDM 成分定位的影响(见彩图 8)

第4章

RDM3 和 RDM4

4.1 通过筛选 ros1 的抑制子,确定了 RDM3,RDM4 是转录基因沉默途径中的另外两个新成员

同时在遗传筛选 ros1 突变体抑制子的工作中,发现了 rdm3, rdm4 这两个突变体。在 ros1 背景下,rdm3,rdm4 突变体都明显抑制了转录基因沉默。RD29A - LUC 转基因和内源 RD29A 基因的转录被沉默。在 CaMV 35S 启动子带动下的 NPTⅡ转基因与 LUC 转基因是相关联的,在 ros1 突变体中也是被沉默的(图 4 - 1)。

在 rdm3,rdm4 突变体中,RD29A 启动子和其他 RdDM 目标序列的 DNA 甲基化也减少(图 4 - 2、图 4 - 3)。

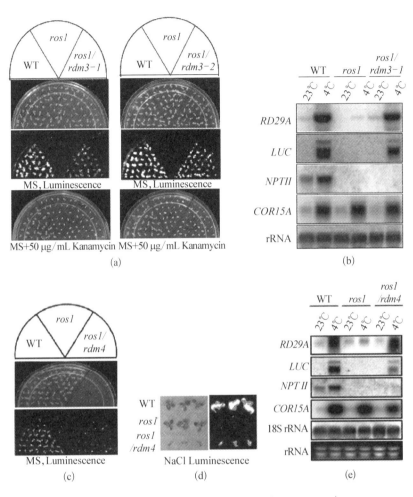

图 4-1　在 ros1rdm3-1, ros1rdm3-2 和 ros1rdm4 中，
RD29A-LUC 转基因沉默被抑制(见彩图 9)

(a) rdm3-1 和 rdm3-2 突变体对荧光素酶活性和卡那霉素抗性的影响。Wild type
(WT), ros1, ros1rdm3-1 和 ros1rdm3-2 生长 10 d, 4℃冷处理 24 h 成像。卡那霉素
抗性检测，种子种在含有 50 mg/L 的 MS 培养基上，生长 10 d 成像。

(b) Northern 印迹分析在 wild-type, ros1 和 ros1rdm3-1 中，内源 RD29A, RD29A-
LUC 和 35S-NPTII 的 RNA 转录水平。持续表达的 18S rRNA 作为上样对照，
COR15A 作为冷处理对照。

(c) rdm4 突变体对荧光素酶活性的影响。Wild type, ros1, ros1rdm4 生长 10 d, 4℃冷处
理 24 h 成像。

(d) Wild type, ros1, ros1rdm4 生长 10 d, 200 mmol NaCl 处理 3 h, 成像。

(e) Northern blot 分析在 wild-type, ros1 和 ros1rdm4 中，内源 RD29A, RD29A-LUC 和
35S-NPTII 的 RNA 转录水平。持续表达的 18S rRNA 作为上样对照，COR15A 作
为冷处理对照

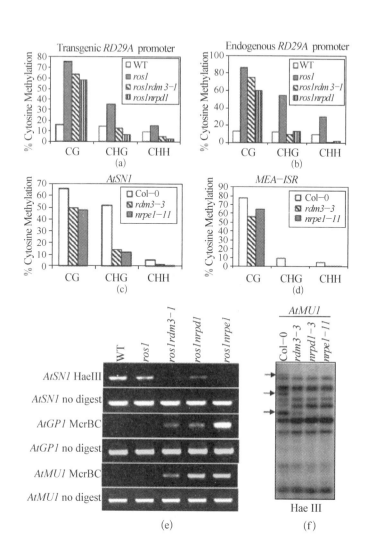

图 4 - 2　rdm3 突变体在 RdDM 目标位点(A - D)DNA 甲基化减少

(a) bisulfite sequencing 检测转基因 RD29A 启动子的甲基化水平。

(b) 内源 RD29A 启动子的甲基化水平。

(c) AtSN1 甲基化水平。

(d) MEA - ISR 甲基化水平,CG,CHG 和 CHH 位点甲基化百分率,H 代表 A,T,或者 C。

(e) rdm3 - 1 突变体抑制 AtSN1,AtGP1 和 AtMU1 位点的 DNA 甲基化。基因组 DNA
用甲基化敏感的限制性内切酶 HaeⅢ消化后,用来扩增 AtSN1。基因组 DNA 用甲基
化特异性的限制性内切酶 McrBC 消化后,用来扩增 AtGP1 和 AtMU1。非消化的基
因组 DNA 作为对照。

(f) rdm3 - 3 突变体,AtMU1 位点的 CHH 甲基化减少。基因组 DNA 用甲基化敏感的限
制性内切酶 HaeⅢ消化后,用 Southern 印迹分析。AtMU1 做探针,3 个未消化的条
带,箭头指出,在 Col - 0 里存在,但在 rdm3 - 3,nrpd1 - 3 和 nrpe1 - 11 大部分被消化

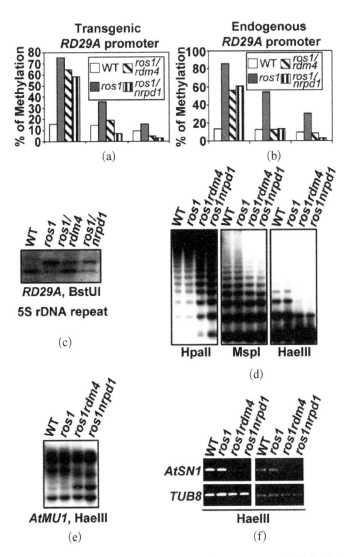

图 4 - 3   rdm4 突变体在 RdDM 目标位点 (A - D) DNA 甲基化减少

(a) bisulfite sequencing 检测转基因 RD29A 启动子的甲基化水平。

(b) 内源 RD29A 启动子的甲基化水平。

(c) 用 Southern 印迹分析，rdm4 突变体，内源 RD29A 启动子 DNA 甲基化减少。基因组 DNA 用甲基化敏感的限制性内切酶 BstUI 酶切。

(d) 在 rdm4 突变体中 5S rDNA 重复 DNA 甲基化减少。

(e) 基因组 DNA 用甲基化敏感的限制性内切酶 HaeIII 消化后，用 Southern 印迹分析。AtMU1 做探针。

(f) 基因组 DNA 用甲基化敏感的限制性内切酶 HaeIII 消化后，用来扩增 AtSN1。TUB8 DNA 扩增作为对照

4.2　RDM3 与 AGO4，NRPE1 相关联，共定位

　　RDM3 编码一个 KTF1 蛋白，SPT5 类似的转录延伸因子，C-末端带有富足的 WG/GW 重复序列，可以通过其 WG 重复与 AGO4 结合（图 4-4）。KTF1 与 AGO4 和 Pol V 在胞质部分共定位（图 4-5）。同时 KTF1 是一个 RNA 结合蛋白。说明 RDM3 是 RdDM 受体复合体中的一个新成分。实验结果表明 KTF1 可以与 AGO4 调节的转录结合和剪切一起，配合 Pol V 转录本的延伸。

图 4-4　KTF1 C-末端的 WG/GW 重复序列

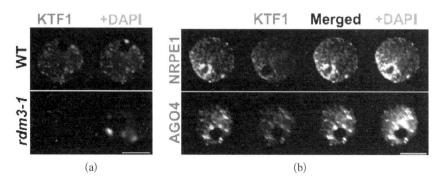

图 4-5　KTF1 在间期拟南芥细胞核的亚细胞定位（见彩图 10）

（a）用 anti-KTF1 检测 wild-type（WT）和 rdm3-1 细胞核中的 KTF1（红色）。

（b）KTF1 和 AGO4，NRPE1 的共定位。KTF1（红色）与 cMyc-和 Flag-tagged AGO4 和 NRPE1（绿色），明亮的黄色说明红色信号与绿色信号重叠，表明两个蛋白共定位，DNA 用 DAPI（蓝色）染色。栏，5 μm

　　在 RdDM 途径中，Pol V 的亚基 NRPE1 的 C-末端也包含许多 WG/GW 重复，和 KTF1 相似，NRPE1 的 C-末端也可以结合 RNA 转

录本(未出版数据)。由 Pol Ⅴ产生的非编码的转录本也许被 NRPE1 -相关联的 AGO4 剪切,剪切的转录本也许被转到 KTF1。这个 KTF1 - AGO4 - siRNA 复合体也许接着招募 DRM2,对非编码转录本产生的位点进行重新甲基化。后面需要用深入的实验去检验这个模式。

4.3 RDM4 与 Pol Ⅱ，Pol Ⅴ相关联，共定位

RDM4(图 4 - 6b)编码一个类似于酵母 IWR1,从酵母到人类都非常保守的新蛋白,功能并不是很清楚。但是 IWR1 与 RNA Pol Ⅱ相结合,表明酵母的 IWR1 在调节 RNA Pol Ⅱ起作用。RDM4 与 IWR1 具有高度相似的特性,很可能有类似的功能。ros1rdm4 和 rdm4 突变体有

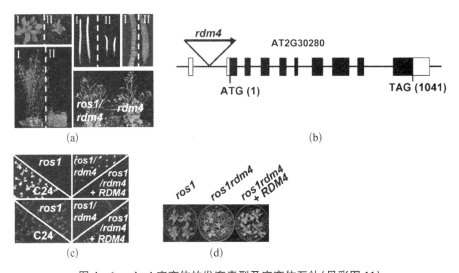

(a)　　　　　　　　　　　　　　(b)

(c)　　　　　　(d)

图 4 - 6　rdm4 突变体的发育表型及突变体互补(见彩图 11)

(a) ros1rdm4 和 rdm4 突变体的多种发育表型(Panels Ⅰ)ros1 植物。(Panels Ⅱ)ros1rdm4 植物。

(b) RDM4 基因,外显子(盒子),内含子(线),T - DNA 插入位点。

(c) RDM4 互补 ros1rdm4 转基因 T2,荧光素酶的表型。

(d) RDM4 转基因互补 ros1rdm4 突变体的发育表型,T1 转基因

多种发育表型(图 4 - 6a),经互补转基因后,RDM4 基因组可以互补突变体的表型(图 4 - 6c, d)。

　　首先用 RDM4 的抗体检测了抗体特异性(图 4 - 7a),表明该抗体对于 RDM4 蛋白是特异的。用免疫共沉淀,发现 RDM4 体内与 RNA Pol Ⅱ 和 Pol Ⅴ 相结合(图 4 - 7b, c)。同时用 Pol Ⅱ 中的 RPB1 特异性抗体对 RDM4 - YFP 植株进行免疫共沉淀,同样发现 RDM4 与 RNA Pol Ⅱ 相结合(图 4 - 7d)。RNA Pol Ⅳ 和 Pol Ⅴ 是 RdDM 途径中非常关键的成分[63],实验室最近发现了另外一个亚基 RDM2/NRPD4,它被 Pol Ⅳ

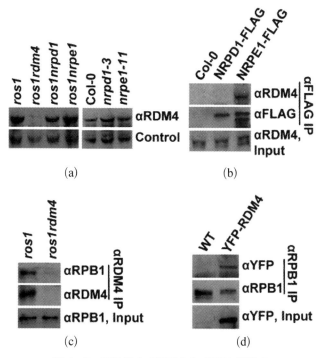

(a)　　　　　　(b)

(c)　　　　　　(d)

图 4 - 7　RDM4 与 NRPE1 和 RPB1 相结合

（a）在不同基因型的植株里,RDM4 蛋白水平,一个非特异性条带作为对照。
（b）RDM4 和 NRPE1 - Flag 的免疫共沉淀。anti - Flag 抗体-conjugated 珠子进行免疫沉淀,用 RDM4 抗体和 Flag 抗体进行检测。
（c）RDM4 和 RPB1 的免疫共沉淀。anti - RDM4 抗体-conjugated 珠子进行免疫沉淀,用 RDM4 抗体和 RPB1 抗体进行检测。
（d）用 anti - RPB1 -抗体 conjugated 珠子进行免疫沉淀。用 YFP 抗体和 RPB1 抗体进行检测

和 Pol V 共同分享,也是 RdDM 途径中非常重要的成员[32]。像 Pol Ⅱ 一样,Pol Ⅳ 和 Pol V 也是有许多亚基构成[37]。但是我们并不知道 RdDM 途径中 Pol Ⅳ 和 Pol V 是否也需要许多转录调节子,是否它们对 于 Pol Ⅳ 和 Pol V 是特异性的或是与 Pol Ⅱ 分享,RDM4 可能是第一个 确定的 Pol Ⅱ 和 Pol V 的调节子。

实验结果表明,RDM4 是被 Pol Ⅱ 和 Pol V 分享的转录调节子。不 像 Pol V 特异性的 nrpe1 突变体和其他 RdDM 途径中的突变体,很少或 没有发育表型,rdm4 突变体有很强烈发育表型。这些众多表型反映出 RDM4 在 Pol Ⅱ 中的功能。基因芯片结果也表明:尽管并不知道哪些 基因是直接被 rdm4 影响,但有几百个 Pol Ⅱ-类型的基因在 rdm4 突变 体中减少或提高表达(数据未显示)。就像在 rdm4 中提高了许多病程 相关表达基因,可能是激活了系统获得性抗性,也许使得突变体植物生 长缓慢。另外,RDM4 也许特异性调节仅仅是 Pol Ⅱ 目标基因中的一部 分。总之,结果显示 RDM4 的功能不仅在植物发育而且在表观调节方 面也起作用,那就是通过 Pol Ⅱ 调节编码基因和通过 Pol V 在 RdDM 途 径中调节非编码位点。

第5章

结论与讨论

5.1 rdm1 突变体对于重新甲基化和 siRNAs 的影响

在这项研究中,失去功能的 rdm1 突变体,释放了 RD29A - LUC 转基因,内源 RD29A 基因和许多其他内源的 RdDM 途径中的目标基因的转录基因沉默。同时阻止或者减少了在 RD29A - LUC 转基因,内源 RD29A 基因启动子,5S rDNA 重复,AtSN1 和 AtGP1 的 DNA 甲基化。但是并没有减少 180 - bp 着丝粒重复和 rDNA 的甲基化。因此,rdm1 突变体的影响是在 RdDM 中的特定位置。对于其他位置的影响(除了 RD29A - LUC 转基因和内源的 RD29A),主要的都是在 CpNpN 甲基化区域。因为 CpNpN 甲基化并不能被维持,必须重新甲基化,这就说明, RDM1 在重新甲基化方面起着关键的作用。很可能 RD29A - LUC 转基因和内源 RD29A 基因所有位点的重新甲基化是受到 RDM1 控制的。

rdm1 突变体对 siRNA 积累和 DNA 甲基化的影响与 ago4 很相似。两个在 ros1 背景下都抑制了 RD29A - LUC 的转录基因沉默和部分抑制了 35S - NPTⅡ 的转录基因沉默。与此不同的是,其他 RdDM 途径中的突变体在 ros1 背景下,像 nrpd1,rdr2,dcl3,nrpe1 和 drd1 仅抑制 RD29A - LUC 的 TGS,而对 35S - NPTII 则没有影响[32]。

5.2 RDM1 是 RdDM 受体复合物中的一员 及其可能的功能模式

RDM1 和 AGO4 的免疫共沉淀与共定位表明 RDM1 的功能是和 AGO4 在 RdDM 受体复合体中的作用相类似。还有人认为重新甲基化 酶 DRM2,也应该是 RdDM 受体复合体中的一部分。RDM1 和 DRM2 共定位也支持了上述想法,即 DRM2 确实就是 RdDM 受体复合体中的 一部分。

RDM1 是一个甲基化 DNA 结合蛋白。它可以结合单链 CpNpN 甲 基化的 DNA。它是一类新的甲基化 DNA 结合蛋白,因为它没有任何 与已知甲基化 DNA 结合蛋白相类似的区域。不像这些甲基化结合蛋 白,它们结合双链的 DNA[43, 53, 97, 103],RDM1 特异性结合单链 DNA。 单链 DNA 结合蛋白的功能表明 RdDM 参与目标双链 DNA 向单链 DNA 的解链这个过程。DNA 复制时可以产生单链 DNA。尽管正常解 链限制在相对小的转录泡中,但 DNA 也还是可以在转录时暂时解链。 就像单链 DNA 结合蛋白,RDM1 被认为在复制或者转录位点起作用。

在酵母 Schizosaccharomyces pombe 中,凭借异染色质形成,转录是 表观沉默所必需的[9, 29]。进而,在 DNA 复制细胞循环 S 期,沉默位点 的转录是优先的[15, 52]。RDM1(RdDM 受体复合物)在转录位点是与 在酵母中观察到的一致,也与在 RdDM 中,有 DNA 依赖的 RNA 聚合 酶 Pol II,Pol IV 和 Pol V 的参与一致[63, 105]。

由 Pol V 产生的初期转录本,作为一种支架,凭借指导的 siRNAs

碱基配对原则招募 AGO4 - RdDM 受体复合体[95]。于是 RDM1 也许结合 Pol Ⅴ 转录的位点处的单链甲基化 DNA。许多 RdDM 目标序列也许被移到核仁加工中心,在那里 RDM1 和 Pol Ⅴ 共定位。然而,在细胞质里,大部分 RdDM 目标位点在那里,RDM1 和 Pol Ⅴ 却没有共定位。我们认为在细胞质里,RDM1 也许结合 Pol Ⅱ 转录位点处的单链甲基化 DNA。这一点,也与 RDM1 和 Pol Ⅱ 相结合,并且共定位相一致。最近,Zheng 等[105]发现在 RdDM 中,Pol Ⅱ 起着重要的作用。我们的结果显示,在细胞质里,AGO4 与 Pol Ⅱ 共定位,也支持了 Pol Ⅱ 在 RdDM 途径中的受体步骤功能。与此相反的是,Pol Ⅴ 和 AGO4[55] 的结合似乎被限制在核仁加工中心,先前的报道缺乏在细胞质里 Pol Ⅴ 和 AGO4 的共定位[55, 73]。

在 DNA 甲基化和 24 - nt siRNA 产生方面也有一个有趣的解释。一方面 siRNAs 通过 RdDM 指导重新 DNA 甲基化。另一方面,DNA 甲基化也控制 24 - nt siRNA 的产生。结果发现,RdDM 受体蛋白有结合甲基化 DNA 的能力,说明有这样一种可能:siRNA 的产生和扩增是如何受到 DNA 甲基化的控制。RdDM 受体复合物也许通过 RDM1 结合甲基胞嘧啶来招募。这个复合物中的 AGO4,有剪切活性[76],它剪切 Pol Ⅱ 或者其他原始启动的 siRNAs 的转录互补片断。剪切的转录片断可以被 RDR2 复制,二级 siRNAs 可以被 DCL3 产生,使得更多的 siRNAs 在甲基化的位点产生。

通过 RDM1 也许使得从甲基化位点产生的 siRNAs 更加有效地注入 AGO4,进而组装有功能的 RdDM 受体复合物。这与前面的研究相一致,siRNAs 是从已经被甲基化的 DNA 产生,而不是非甲基化的 DNA,可以引起外来非甲基化 DNA 的沉默[12]。对于这些激活去甲基化的位点例如 RD29A - LUC 转基因和内源的 RD29A 基因,重新甲基化并不要求先前存在的 DNA 甲基化,因为只要 ROS1 失去功能,一个完全非甲基化 RD29A 启动子可以变成甲基化的[28]。这些位点的重新甲基化是需要 RDM1 和 siRNAs 的。这就表明，RDM1 也许对于 RdDM 复合物的过程具有十分重要的作用。RDM1 结合由 RdDM 产生的甲基化的 DNA 也许可以防止受体复合物在对目标位点的识别失败，使得 RdDM 继续下去。

总之，我们的结果表明，RDM1 是 RdDM 受体复合体中一个非常重要的成分，作为一个甲基化 DNA 结合蛋白，在连接与沉默复合体相关联的小 RNA 功能与先前存在或者重新胞嘧啶甲基化中起到至关重要的作用。

5.3　RDM3 和 RDM4

在筛选 rdm1 突变体的同时，我们也得到了 rdm2（本文末介绍），rdm3，rdm4 这些突变体。它们也都是 RdDM 途径中的成员，通过对 RDM3 的研究，发现它存在于这个 RDM3－AGO4－siRNA 复合体中，也许通过招募 DRM2，对非编码转录本产生的位点进行重新甲基化。对于这个模式，后面需要用深入的实验去检验。RDM4 与 Pol Ⅱ 和 Pol Ⅴ 共定位，相关联，表明了 RDM4 的功能不仅在植物发育而且在表观调节方面也起作用，那就是通过 Pol Ⅱ 调节编码基因和通过 Pol Ⅴ 在 RdDM 途径中调节非编码位点。

通过对 ros1 抑制子的筛选，我们发现了几个 RdDM 途径中的新成员，也使得我们对 RdDM 途径有了更深入的了解，同时我们也认为还有许多的问题需要在以后的研究工作中得到阐述。

参考文献

[1] Agius F，Kapoor A，Zhu J K. Role of the Arabidopsis DNA glycosylase/ lyase ROS1 in active DNA demethylation[J]. Proc. Natl Acad Sci USA，2006，103：11796 – 11801.

[2] Allard S T，Bingman C A，Johnson K A，et al. Structure at 1. 6 A resolution of the protein from gene locus At3g22680 from Arabidopsis thaliana[J]. Acta Crystallogr. Sect. F Struct. Biol Cryst Commun，2005，61：647 – 650.

[3] Lindroth A M，Cao X，Jackson J P，et al. Requirement of CHROMOMETHYLASE3 for Maintenance of CpXpG Methylation [J]. Science，2001，292(5524)：2077 – 2080.

[4] Aufsatz W，Mette M F，van der Winden J，et al. HDA6，a putative histone deacetylase needed to enhance DNA methylation induced by double-stranded RNA[J]. EMBO，2002，21：6832 – 6841.

[5] Baulcombe D. RNA silencing in plants[J]. Nature，2004，431：356 – 363.

[6] Bender J. DNA methylation and epigenetics[J]. Annu Rev Plant Biol，2004，55：41 – 68.

[7] Bies-Etheve N，Pontier D，Lahmy S，et al. RNA-directed DNA methylation requires an AGO4-interacting member of the SPT5 elongation factor family

[J]. EMBO Rep，2009，10：649 - 654.

[8] Brodersen P，Voinnet O. The diversity of RNA silencing pathways in plants [J]. Trends Genet，2006，22：268 - 280.

[9] Cam H P，Chen E S，Grewal S I. Transcriptional scaffolds for heterochromatin assembly[J]. Cell，2009，36：610 - 614.

[10] Cam H P，Sugiyama T，Chen E S，et al. Comprehensive analysis of heterochromatin- and RNAi-mediated epigenetic control of the fission yeast genome[J]. Nat Genet，2005，37：809 - 819.

[11] Chan S W，Henderson I R，Jacobsen S E. Gardening the genome：DNA methylation in Arabidopsis thaliana[J]. Nat Rev Genet，2005，6：351 - 360.

[12] Chan S W，Zhang X，Bernatavichute Y V，et al. Two-step recruitment of RNA-directed DNA methylation to tandem repeats[J]. PLoS Biol，2006，4：e363.

[13] Chandler V，Stam M. Chromatin conversations：mechanisms and implications of paramutation[J]. Nat Rev Genet，2004，5：532 - 544.

[14] Chapman E J，Carrington J C. Specialization and evolution of endogenous small RNA pathways[J]. Nat Rev Genet，2007，8：884 - 896.

[15] Chen E S，Zhang K，Nicolas E，et al. Cell cycle control of centromeric repeat transcription and heterochromatin assembly[J]. Nature，2008，451：734 - 737.

[16] Papa C M，Springer N M，Muszynski M G，et al. Maize Chromomethylase Zea methyltransferase Is Required for CpNpG Methylation［J］. Plant Cell，2001，13(8)：1919 - 1928.

[17] Cokus S J，Feng S，Zhang X，et al. Shotgun bisulphite sequencing of the Arabidopsis genome reveals DNA methylation patterning[J]. Nature，2008，452：215 - 219.

[18] Dorweiler J E，Carey C C，Kubo K M，et al. Mediator of paramutation1 is required for establishment and maintenance of paramutation at multiple maize

loci[J]. Plant Cell, 2000, 12: 2101 - 2118.

[19] Daxinger L, Kanno T, Bucher E, et al. A stepwise pathway for biogenesis of 24-nt secondary siRNAs and spreading of DNA methylation[J]. EMBO J, 2009, 28: 48 - 57.

[20] Zilberman D, Cao X, Jacobsen S E. ARGONAUTE4 Control of Locus-Specific siRNA Accumulation and DNA and Histone Methylation [J]. Science, 2003, 299: 716 - 719.

[21] Ebbs M L, Bender J. Locus-specific control of DNA methylation by the Arabidopsis SUVH5 histone methyltransferase[J]. Plant Cell, 2006, 18: 1166 - 1176.

[22] Li E, Bestor T H, Jaenisch R. Targeted mutation of the DNA methyltransferase gene results in embryonic lethality[J]. Cell, 1992, 69: 915 - 926.

[23] El-Shami M, Pontier D, Lahmy S, et al. Reiterated WG/GW motifs form functionally and evolutionarily conserved ARGONAUTEbinding platforms in RNAi-related components[J]. Genes Dev, 2007, 21: 2539 - 2544.

[24] Finnegan E J, Dennis E S. Isolation and identification by sequence homology of a putative cytosine methyltransferase from Arabidopsis thaliana [J]. Nucleic Acids Res, 1993, 21: 2383 - 2388.

[25] Finnegan E J, Peacock W J, Dennis E S. DNA methylation, a key regulator of plant development and other processes[J]. Curr Opin Genet Dev, 2000, 10: 217 - 223.

[26] Malagnac F, Bartee L, Bender J. An Arabidopsis SET domain protein required for maintenance but not establishment of DNA methylation[J]. EMBO J, 2002, 21: 6842 - 6852.

[27] Gendrel A V, Lippman Z, Yordan C, et al. Dependence of heterochromatic histone H3 methylation patterns on the Arabidopsis gene DDM1 [J]. Science, 2002, 297: 1871 - 1873.

[28] Gong Z, Morales-Ruiz T, Ariza R R, et al. ROS1, a repressor of transcriptional gene silencing in Arabidopsis, encodes a DNA glycosylase/lyase[J]. Cell, 2002, 111: 803 – 814.

[29] Grewal S I, Elgin S C. Transcription and RNA interference in the formation of heterochromatin[J]. Nature, 2007, 447: 399 – 406.

[30] Haag J R, Pontes O, Pikaard C S. Metal A and metal B sites of nuclear RNA polymerases Pol IV and Pol V are required for siRNA-dependent DNA methylation and gene silencing[J]. PLoS ONE, 2009, 4(1): 4110.

[31] Hamilton A, Voinnet O, Chappell L, et al. Two classes of short interfering RNA in RNA silencing[J]. EMBO J, 2002, 21: 4671 – 4679.

[32] He X J, Hsu Y F, Pontes O, et al. NRPD4, a protein similar to the RPB4 subunit of RNA polymerase II, is a component of RNA polymerases IV and V and is required for siRNA production, RNA-directed DNA methylation, and transcriptional gene silencing[J]. Genes Dev, 2009a, 23: 318 – 330.

[33] He X J, Hsu Y F, Zhu S, et al. An effector of RNA-directed DNA methylation in Arabidopsis is an ARGONAUTE 4-and RNA-binding protein [J]. Cell, 2009b, 137: 498 – 508.

[34] Henderson I R, Jacobsen S E. Epigenetic inheritance in plants[J]. Nature, 2007, 447: 418 – 424.

[35] Henikoff S, Comai L. A DNA methyltransferase homolog with a chromodomain exists in multiple polymorphic forms in Arabidopsis[J]. Genetics, 1998, 149: 307 – 318.

[36] Herr A J, Jensen M B, Dalmay T, et al. RNA polymerase IV directs silencing of endogenous DNA[J]. Science, 2005, 308: 118 – 120.

[37] Huang L, Jones A M, Searle I, et al. An atypical RNA polymerase involved in RNA silencing shares small subunits with RNA polymerase II[J]. Nat Struct Mol Biol, 2009, 16: 91 – 93.

[38] Huettel B, Kanno T, Daxinger L, et al. Endogenous targets of RNA-

directed DNA methylation and Pol Ⅳ in Arabidopsis[J]. EMBO J, 2006, 25: 2828 - 2836.

[39] Ishitani M, Xiong L, Stevenson B, et al. Genetic analysis of osmotic and cold stress signal transduction in Arabidopsis: interactions and convergence of abscisic acid-dependent and abscisic acid-independent pathways[J]. Plant Cell, 1997, 9: 1935 - 1949.

[40] Jaenisch R, Bird A. Epigenetic regulation of gene expression: how the genome integrates intrinsic and environmental signals[J]. Nat Genet, 2003, 33 Suppl: 245 - 254.

[41] Jasencakova Z, Meister A, Walter J, et al. Histone H4 acetylation of euchromatin and heterochromatin is cell cycle dependent and correlated with replication rather than with transcription [J]. Plant Cell, 2000, 12: 2087 - 2100.

[42] Bender J, FINK G R. Epigenetic control of an endogenous gene family is revealed by a novel blue fluorescent mutant of Arabidopsis[J]. Cell, 1995, 83: 725 - 734.

[43] Johnson L M, Bostick M, Zhang X, et al. The SRA methyl-cytosine-binding domain links DNA and histone methylation [J]. Curr Biol, 2007, 17: 379 - 384.

[44] Jones P A, Baylin S B. The fundamental role of epigenetic events in cancer [J]. Nat Rev Genet, 2002, 3: 415 - 428.

[45] Jones-Rhoades M W, Bartel D P, Bartel B. MicroRNAs and their regulatory roles in plants[J]. Annu Rev Plant Biol, 2006, 57: 19 - 53.

[46] Jones L, Ratcliff F, et al. RNA-directed transcriptional gene silencing in plants can be inherited independently of the RNA trigger and requires Met1 for maintenance[J]. Current Biology, 2001, 11: 747 - 757.

[47] Jackson J P, Lindroth A M, Cao X, et al. Control of CpNpG DNA methylation by the KRYPTONITE histone H3 methyltransferase[J]. Nature, 2002, 416:

556 – 560.

[48] Kanno T，Mette M F，Kreil D P，et al. Involvement of putative SNF2 chromatin remodeling protein DRD1 in RNA-directed DNA methylation[J]. Curr Biol，2004，14：801 – 805.

[49] Kanno T，Huettel B，Mette M F，et al. Atypical RNA polymerase subunits required for RNA-directed DNA methylation[J]. Nat Genet，2005，37：761 – 765.

[50] Kanno T，Bucher E，Daxinger L，et al. A structural-maintenance -of-chromosomes hinge domain-containing protein is required for RNA-directed DNA methylation[J]. Nat Genet，2008，40：670 – 675.

[51] Kapoor A，Agarwal M，Andreucci A，et al. Mutations in a conserved replication protein suppress transcriptional gene silencing in a DNA methylation-independent manner in Arabidopsis[J]. Curr Biol，2005，15：1912 – 1918.

[52] Kloc A，Zaratiegui M，Nora E，et al. RNA interference guides histone modification during the S phase of chromosomal replication[J]. Curr Biol，2008，18：490 – 495.

[53] Klose R J，Bird A P. Genomic DNA methylation：the mark and its mediators[J]. Trends Biochem Sci，2006，31：89 – 97.

[54] Bartee L，Malagnac F，Bender J. Arabidopsis cmt3 chromomethylase mutations block non – CG methylation and silencing of an endogenous gene [J]. Genes & Dev，2001，15(14)：1753 – 1758.

[55] Li C F，Pontes O，El-Shami M，et al. An ARGONAUTE4-containing nuclear processing center colocalized with Cajal bodies in Arabidopsis thaliana[J]. Cell，2006，126：93 – 106.

[56] Li C F，Henderson I R，Song L，et al. Dynamic regulation of ARGONAUTE4 within multiple nuclear bodies in Arabidopsis thaliana[J]. PLoS Genet，2008，4(2)：27.

[57] Lippman Z, May B, Yordan C, et al. Distinct mechanisms determine transposon inheritance and methylation via small interfering RNA and histone modification[J]. PLoS Biol, 2003, 1: E67.

[58] Lippman Z, Gendrel A V, Black M, et al. Role of transposable elements in heterochromatin and epigenetic control[J]. Nature, 2004, 430: 471 - 476.

[59] Lister R, O'Malley R C, Tonti-Fillippini J, et al. Highly integrated single-base resolution maps of the epigenome in Arabidopsis[J]. Cell, 2008, 133: 523 - 536.

[60] Luff B, Pawlowski L, Bender J. An inverted repeat triggers cytosine methylation of identical sequences in Arabidopsis[J]. Mol Cell, 1999, 3: 505 - 511.

[61] Mallory A C, Vaucheret H. Functions of microRNAs and related small RNAs in plants[J]. Nat Genet, 2006, 38: S31 - S36.

[62] Malone C D, Hannon G J. Small RNAs as guardians of the genome[J]. Cell, 2009, 136: 656 - 668.

[63] Matzke M, Kanno T, Daxinger L, et al. RNA-mediated chromatin-based silencing in plants[J]. Curr Opin Cell Biol, 2009, 21: 367 - 376.

[64] Mette M F, Aufsatz W, van der Winden J, et al. Transcriptional gene silencing and promoter methylation triggered by double stranded RNA[J]. EMBO, 2000, 19: 5194 - 5201.

[65] Moazed D. Small RNAs in transcriptional gene silencing and genome defence [J]. Nature, 2009, 457: 413 - 420.

[66] Morris K V. RNA-mediated transcriptional silencing in human cells[J]. Curr Top Microbiol Immunol, 2008, 320: 211 - 224.

[67] Mosher R A, Schwach F, Studholme D, et al. Pol Ⅳ b influences RNA-directed DNA methylation independently of its role in siRNA biogenesis[J]. Proc Natl Acad Sci USA, 2008, 105: 3145 - 3150.

[68] Noma K, Sugiyama T, Cam H, et al. RITS acts in cis to promote RNA

interference-mediated transcriptional and post-transcriptional silencing[J]. Nat Genet，2004，36：1174－1180.

[69] Onodera Y，Haag J R，Ream T，et al. Plant nuclear RNA polymerase IV mediates siRNA and DNA methylation-dependent heterochromatin formation [J]. Cell，2005，120：613－622.

[70] Park Y D，Papp I，Moscone E A，et al. Gene silencing mediated by promoter homology occurs at the level of transcription and results in meiotically heritable alterations in methylation and gene activity[J]. Plant J，1996，9：183－194.

[71] Penterman J，Zilberman D，Huh J H，et al. DNA demethylation in the Arabidopsis genome[J]. Proc Natl Acad Sci USA，2007，104：6752－6757.

[72] Pikaard C S，Haag J R，Ream T，et al. Roles of RNA polymerase IV in gene silencing[J]. Trends Plant Sci，2008，13：390－397.

[73] Pontes O，Li C F，Nunes P C，et al. The Arabidopsis chromatin-modifying nuclear siRNA pathway involves a nucleolar RNA processing center[J]. Cell，2006，126：79－92.

[74] Pontier D，Yahubyan G，Vega D，et al. Reinforcement of silencing at transposons and highly repeated sequences requires the concerted action of two distinct RNA polymerases IV in Arabidopsis[J]. Genes Dev，2005，19：2030－2040.

[75] Preuss S B，Costa-Nunes P，Tucker S，et al. Multimegabase silencing in nucleolar dominance involves siRNA-directed DNA methylation and specific methylcytosine-binding proteins[J]. Mol Cell，2008，32：673－684.

[76] Qi Y，He X，Wang X J，et al. Distinct catalytic and non-catalytic roles of ARGONAUTE4 in RNA-directed DNA methylation[J]. Nature，2006，443：1008－1112.

[77] Ream T S，Haag J R，Wierzbicki A T. Subunit compositions of the RNA-silencing enzymes Pol Ⅳ and Pol Ⅴ reveal their origins as specialized forms

of RNA polymerase II[J]. Mol Cell, 2008, 33: 192 - 203.

[78] Holliday R, Pugh J E. DNA modification mechanisms and gene activity during development[J]. Science, 1975, 187: 226 - 232.

[79] Richards E J, Elgin S C. Epigenetic codes for heterochromatin formation and silencing: rounding up the usual suspects[J]. Cell, 2002, 108: 489 - 500.

[80] Riggs A D. X inactivation, differentiation, and DNA methylation[J]. Cytogenet Cell Genet, 1975, 14(1): 9 - 25.

[81] Smith L M, Pontes O, Searle I. An SNF2 protein associated with nuclear RNA silencing and the spread of a silencing signal between cells in Arabidopsis[J]. Plant Cell, 2007, 19: 1507 - 1521.

[82] Slotkin R K, Martienssen R. Transposable elements and the epigenetic regulation of the genome[J]. Nat Rev Genet, 2007, 8: 272 - 285.

[83] Slotkin R K, Vaughn M, Borges F, et al. Epigenetic reprogramming and small RNA silencing of transposable elements in pollen[J]. Cell, 2009, 136: 461 - 472.

[84] Sridhar V V, Kapoor A, Zhang K, et al. Control of DNA methylation and heterochromatic silencing by histone H2B deubiquitination[J]. Nature, 2007, 447: 735 - 738.

[85] Sugiyama T, Cam H, Verdel A, et al. RNA-dependent RNA polymerase is an essential component of a self-enforcing loop coupling heterochromatin assembly to siRNA production[J]. Proc Natl Acad Sci USA, 2005, 102: 152 - 157.

[86] Chan S W L, Zilberman D, Xie Z, et al. Science, 2004, 303: 1336.

[87] Tariq M, Paszkowski J. DNA and histone methylation in plants[J]. Trends Genet, 2004, 20: 244 - 251.

[88] Bestor T, Laudano A, Mattaliano R, et al. Cloning and sequencing of a cDNA encoding DNA methyltransferase of mouse cells. The carboxyl-terminal domain of the mammalian enzymes is related to bacterial restriction

methyltransferases[J]. J Mol Biol, 1988, 203: 971 – 983.

[89] Vaucheret H. RNA polymerase IV and transcriptional silencing[J]. Nat Genet, 2005, 37: 659 – 660.

[90] Colot V, Rossignol J – L. Eukaryotic DNA methylation as an evolutionary device[J]. BioEssays, 1999, 21: 402 – 411.

[91] Vaucheret H. Plant ARGONAUTES[J]. Trends Plant Sci, 2008, 13: 350 – 358.

[92] Wassenegger M, Heimes S, Riedel L, et al. RNA-directed de novo methylation of genomic sequences in plants[J]. Cell, 1994, 76: 567 – 576.

[93] Wassenegger M. RNA-directed DNA methylation[J]. Plant Mol Biol, 2000, 43: 203 – 220.

[94] Luff B, Pawlowski L, Bender J. An inverted repeat triggers cytosine methylation of identical sequences in Arabidopsis[J]. Mol Cell, 1999, 3: 505 – 511.

[95] Wierzbicki A T, Haag J R, Pikaard C S. Noncoding transcription by RNA polymerase Pol Ⅳb/Pol Ⅴ mediates transcriptional silencing of overlapping and adjacent genes[J]. Cell, 2008, 135: 635 – 648.

[96] Wierzbicki A T, Ream T S, Haag J R, et al. RNA polymerase V transcription guides ARGONAUTE4 to chromatin[J]. Nat Genet, 2009, 41: 630 – 634.

[97] Woo H R, Pontes O, Pikaard C S, et al. VIM1, a methylcytosine-binding protein required for centromeric heterochromatinization[J]. Genes Dev, 2007, 21: 267 – 277.

[98] Soppe W J, Jacobsen S E, Alonso-Blanco C, et al. The late flowering phenotype of fwa mutants is caused by gain-of-function epigenetic alleles of a homeodomain gene[J]. Mol Cell, 2000, 6: 791 – 802.

[99] Cao X, Jacobsen S E. Role of the Arabidopsis DRM methyltransferases in de novo DNA methylation and gene silencing[J]. Curr Biol, 2002, 12: 1138 –

1144.

[100] Cao X, Springer N M, Muszynski M G, et al. Conserved plant genes with similarity to mammalian de novo DNA methyltransferases[J]. PNAS, 2000, 97: 4979 - 4984.

[101] Xie Z, Johansen L K, Gustafson A M, et al. Genetic and functional diversification of small RNA pathways in plants[J]. PLoS Biol, 2004, 2 (5): E104. doi: 10.1371/journal.pbio.0020104.

[102] Zaratiegui M, Irvine D V, Martienssen R A. Noncoding RNAs and gene silencing[J]. Cell, 2007, 28: 763 - 776.

[103] Zemach A, Grafi G. Methyl-CpG-binding domain proteins in plants: interpreters of DNA methylation[J]. Trends Plant Sci, 2007, 12: 80 - 85.

[104] Zhang X, Henderson I R, Lu C, et al. Role of RNA polymerase IV in plant small RNA metabolism[J]. Proc Natl Acad Sci USA, 2007, 104: 4536 - 4541.

[105] Zheng B. Intergenic transcription by RNA Polymerase II coordinates Pol Ⅳ and Pol Ⅴ in siRNA-directed transcriptional gene silencing in Arabidopsis [J]. Genes Dev, 2009, In press.

[106] Zheng X, Zhu J, Kapoor A, et al. Role of Arabidopsis AGO6 in siRNA accumulation, DNA methylation and transcriptional gene silencing[J]. EMBO J, 2007, 26: 1691 - 1701.

[107] Zhu J, Kapoor A, Sridhar V V, et al. The DNA glycosylase/lyase ROS1 functions in pruning DNA methylation patterns in Arabidopsis[J]. Curr Biol, 2007, 17: 54 - 59.

[108] Zhu J K. Salt and drought stress signal transduction in plants[J]. Annu Rev Plant Biol, 2002, 53: 247 - 273.

[109] Zilberman D, Cao X, Jacobsen S E. ARGONAUTE4 control of locus-specific siRNA accumulation and DNA and histone methylation[J]. Science, 2003, 299: 716 - 719.

附录 A　RDM1 的同源二聚体和 rdm1 - 4 突变体的特性

A. RDM1 体外形成同源二聚体

　　RDM1（At3g22680）的晶体结构已经得知[2]。预测 RDM1 形成同源二聚体带（图 A - 1）有亲水区域，每个单体可以结合洗涤剂 CHAPS[2]。我们用酵母双杂检测 RDM1 是否可以形成同源二聚体。野生型的 RDM1 cDNAs 和两个突变体，RDM1M1（L128R）和 RDM1M2（L128R，I132R）被克隆到酵母双杂载体 pGAD424（pAD）和 pGBT9（pBD）上。可能影响二聚体的形成，M1 和 M2 被选择（Kristina Djinovic，个人交流）。用重组质粒转化酵母 Hf7c。从 synthetic media（SD）缺少 tryptophan and leucine（SD - LW）或者缺少 leucine，tryptophan and histidine（SD - LWH），并且包含 10 mM3 - amino - 1，2，4 - triazole（3 - AT）在 30℃生长 3 d 的平板上挑选单克隆。液体 β- galactosidase 矩阵实验重复 3 次，活性用 Miller units 表示。RDM1 与它自己结合（顶端，第 1 行），两个突变（M2）一起消除了二聚体的形成（第 3 行）；单突变（M1）减少但不能消除二聚体（第 2 行）。剩下的行代表各种对照。RDM1 的 cDNA,包含两个突变点不能互补 rdm1‑4 突变体的沉默表型(数据未展示)说明 RDM1 的二聚体化在体内基因沉默上是非常重要的。

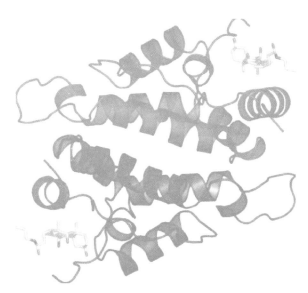

图 A‑1　RDM1 预测形成二聚体的模式

B. 5S rDNA 重复的 DNA 甲基化分析

在 5S rDNA 重复里,用 HaeⅢ 消化作为 CHH 甲基化的报告子。在 RdDM 突变体中甲基化是降低的:nrpe1;两个未确定的突变体(n. d.)和 rdm1‑4 在大部分失去了 CHH 甲基化(箭头指的)。与此相反,在 dcl3 突变体中,CHH 甲基化基本没有发生变化[16],甚至在改变 CG 甲基化突变体中有所升高(met1,ddm1)。

C. 小 RNA 分析

在 rdm1－4 突变体中由发夹 RNA 起始的原初小 RNA 表现正常，而参与甲基化扩展的二级小 RNA 并不能维持，类似于其他的 RdDM 途径中的突变体[16, 32]。类似其他的 RdDM 途径中的突变体，在 rdm1－4 中 siRNA1003 表现出低水平，而 siRNA02 和 tasiRNA255 并没有受到影响(图 A－2)。

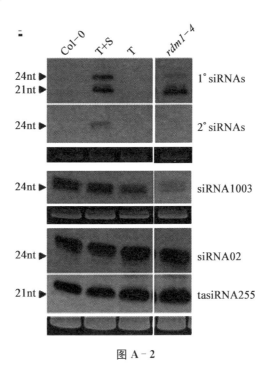

图 A－2

附录 B DNA 探针和引物

表 B-1 DNA 探针和引物

RD29 Atrans Bi F1	ATATGATGGGTTAATAGAT-ATGGAT	RD29A transgene promoter bisulfite sequencing
RD29A trans Bi F2	AATATTTAGTTTTTTTGTA-AATATA	RD29A transgene promoter bisulfite sequencing
RD29A trans Bi R1	ATTCTATAATTTATATTCA-ACCCATATC	RD29A promoter bisulfite sequencing
RD29A trans Bi R2	AAATATTCCACATACATAA-TATTCACC	RD29A transgene promoter bisulfite sequencing
RD29A endo Bi F1	ATATGATGGGTTAATAGAT-ATGGAT	RD29A endogenous gene promoter bisulfite sequencing
RD29A endo Bi F1	AATATTTAGTTTTTTTGTA-AATATA	RD29A endogenous gene promoter bisulfite sequencing
RD29A endo Bi R1	CTAAAATTAAAATCTACCT-AAATACTAC	RD29A endogenous gene promoter bisulfite sequencing
RD29A endo Bi R2	ATAATAATTCCTCTATTTA-ATCCATTTTCC	RD29A endogenous gene promoter bisulfite sequencing
AtSN1BiF	GTTGTATAAGTTTAGTTTT-AATTTTAYGGATYAGTATT-AATTT	AtSN1 Bisulfite sequencing
AtSN1BiR	CAATATACRATCCAAAAAA-CARTTATTAAAATAATATC-TTAA	AtSN1 Bisulfite sequencing
JP1026	AAAGTGGTTGTAGTTTATG-AAAGGTTTTAT	MEA – ISR Bisulfite sequencing
JP1027	CTTAAAAAATTTTCAACTC-ATTTTTTTTAAAAAA	MEA – ISR Bisulfite sequencing

SIMPLEHAT2 UP1	TAGGGGTGTTAAAATGGGT-TAAAATTT	SIMPLEHAT2 Bisulfite sequencing
SIMPLEHAT2 UP2	ATAAAAAAATTACGAATTT-ACTTTTTCTC	SIMPLEHAT2 Bisulfite sequencing
AtSN1 HaeIII F	ACTTAATTAGCACTCAAAT-TAAACAAAATAAGT	AtSN1 Hae III PCR
AtSN1 HaeIII R	TTTAAACATAAGAAGAAGT-TCCTTTTTCATCTAC	AtSN1 Hae III PCR
ATLINE1 - 4 F	CCGATGGTGACCAAGAGTTT	AtLINE1 - 4 real-time PCR and MCrBC PCR，ChIP
ATLINE1 - 4 R	TCAATGTCGGAGACCTCCTC	AtLINE1 - 4 real-time PCR and MCrBC PCR，ChIp
AtMu1 F	GTGGATATACCAAAAACACAA	AtMu1 real-time PCR and MCrBC PCR and smRNA Northern probe amplification
AtMu1 R	CTTAGCCTTCTTTTCAATCTCA	AtMu1 real-time PCR and MCrBC PCR and smRNA Northern probe amplification
ATGP1 - cds F	ACAGTGCCACAGTTGAGCAG	AtGP1 real-time PCR and MCrBC PCR and smRNA Northern probe amplification
ATGP1 - cds R	CAGAAAAATACTCGGTGCC-AAT	AtGP1 real-time PCR and MCrBC PCR and smRNA Northern probe amplification
AtSN1 F	ACCAACGTGTTGTTGGCCCA-GTGG	AtSN1 real-time PCR and smRNA Northern probe amplification
AtSN1 R	GAATATCTGGAAGTTCAAG-CCCAAAG	AtSN1 real-time PCR and smRNA Northern probe amplification
ROS1 F	AAGGTCACATGTTGTGAAC-CAAT	ROS1 real-time PCR
ROS1 R	ATGCTCGTCTGGAAGTTCGTA	ROS1 real-time PCR
TUB8 - F	ATAACCGTTTCAAATTCTC-TCTCTC	TUB8 （At5g23860） Real-time PCR，ChIP
TUB8 - R	TGCAAATCGTTCTCTCCTTG	TUB8 （At5g23860） Real-time PCR，ChIP
SIMPLEHAT2	TGGGTTACCCATTTTGACA-CCCCTA	smRNA Northern probe
siRNA1003	ATGCCAAGTTTGGCCTCACG-GTCT	smRNA northern probe
siRNA02	GTTGACCAGTCCGCCAGCCG-AT	smRNA northern probe

RD29A pro F	GGTGAATTAAGAGGAGAGA-GGAGG	RD29A promoter smRNA Northern probe amplification
RD29A pro R	GTGGTGGTTCCTCTGTTTGA-TCCATTTTCC	RD29A promoter smRNA Northern probe amplification
AS285	TTGCTGATTTGTATTTTAT-GCAT	Cluster2 smRNA Northern probe amplification
S786	CTTTTTCAAACCATAAACC-AGAAA	Cluster2 smRNA Northern probe amplification
RDM1 cDNA F1	CACCATGCAAAGCTCAATG-ACAATGGAACT	RDM1 cDNA cloning
RDM1 cDNA R1	TCATTTCTCAGGAAAGATT-GGGTCAATGAA	RDM1 cDNA cloning with stop codon
RDM1 cDNA R2	TTTCTCAGGAAAGATTGGG-TCAATGAAAGA	RDM1 cDNA cloning without stop codon
RDM1 PRO F1	CACCGAGCCAAGGCTCCAA-AACTCTAATCT	RDM1 promoter cloning
RDM1 PRO R1	GGTCACTGTCGAGCAGTTA-GATTTTGACGG	RDM1 promoter cloning
RDM1GEN - ECORI F1	CGGAATTCCGAGCCAAGGC-TCCAAAACTCTAATCT	RDM1 3kb genomic DNA cloning
RDM1GEN - XBAI R1	GCTCTAGAGCACTTGCAATG - GTCTTTGGGCTCATTAGCTC	RDM1 3kb genomic DNA cloning
mCG oligo F	TCAATGAmCGCTACTGGTm-CGCTGCTTCTGCAAmCGGA-TACT	Methyl DNA binding
mCG oligo R	AGTATCmCGTTGCAGAAGC-AGmCGACCAGTAGmCGTCA-TTGA	Methyl DNA binding
mCNG oligo	TCAATGACGCTAmCTGGTC-GmCTGCTTmCTGCAACGGA-TACT	Methyl DNA binding
mCNN oligo	TmCAATGACGmCTACTGGT-CGCTGmCTTCTGmCAACGG-ATACT	Methyl DNA binding
Un - mCG competitor	TCAATGACGCTACTGGTCG-CTGCTTCTGCAACGGATACT	Methyl DNA binding
Un - mCNG competitor	TCAATGACGCTACTGGTCG-CTGCTTCTGCAACGGATACT	Methyl DNA binding

Un - mCNN competitor	TCAATGACGCTACTGGTCG-CTGCTTCTGCAACGGATACT	Methyl DNA binding
At2g13540 F1	AAAAATTAGTTTTGACGAG-ACACG	FOR ChIP control
At2g13540 R1	CTTCTTCCGAGAGGTTTTTC-TTCA	FOR ChIP control
At3g18370 F1	CAAACTTTACCGCCAAAAA-TACTTA	FOR ChIP control
At3g18370 R1	TGCTACCTTCTCCGATCTC-AGAA	FOR ChIP control
At3g19740 F1	ATGACCAAACCTTTAGAT-CGCTTC	FOR ChIP control
At3g19740 R1	GGATTCTCATTCTCGGTGCCA	FOR ChIP control
At3g22270 F1	TTGTCTGTATGGCTATATT-CCGC	FOR ChIP control
At3g22270 R1	CATCATTAGAATTCCCATG-CATGA	FOR ChIP control
At1g01430 F1	TCCTCGCTTTCAACGCCA	FOR ChIP control
At1g01430 R1	CCGGAGAGACGGTGGAATTA	FOR ChIP control
At1g02000 F1	CGCATCTGGACGACATTCC	FOR ChIP control
At1g02000 R1	GAGGATCGGACGCGTTTCT	FOR ChIP control
At1g02390 F1	TTCATTCTCCGTCGTTGGTGT	FOR ChIP control
At1g02390 R1	AGCCCATTTCGTAGCTCATCA	FOR ChIP control
Ta2 F1	AAACGATGCGTTGGGATAG-GTC	FOR ChIP
Ta2 R1	ATACTCTCCACTTCCCGTTT-TTCTTTTTA	FOR ChIP
Ta3 LTR F1	TAGGGTTCTTAGTTGATCT-TGTATTGAGCTC	FOR ChIP
Ta3 LTR R1	TTTGCTCTCAAACTCTCAAT-TGAAGTTT	FOR ChIP
AtSN1 F1	ACCAACGTGCTGTTGGCCCA-GTGGTAAATC	FOR ChIP
AtSN1 R1	AAAATAAGTGGTGGTTGTA-CAAGC	FOR ChIP
AtGP1 LTR F1	TGGTTTTTCCTGTCCAGTTTG	FOR ChIP
AtGP1 LTR R1	AACAATCCTAACCGGGTTCC	FOR ChIP

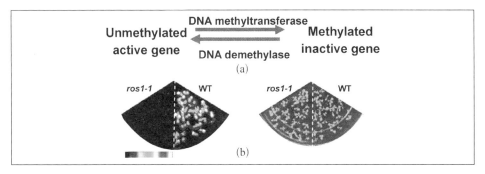

彩图 1

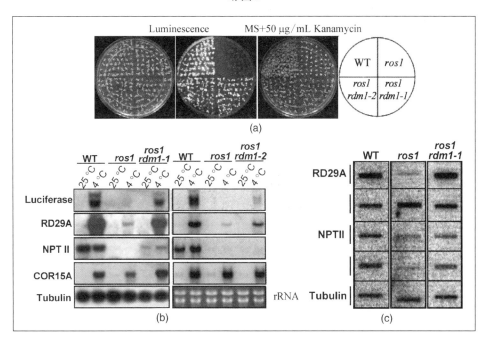

彩图 2

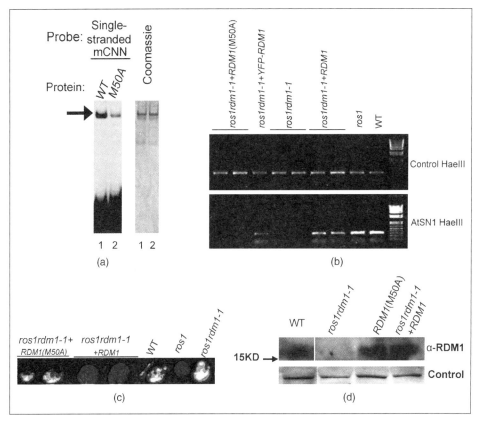

彩图3

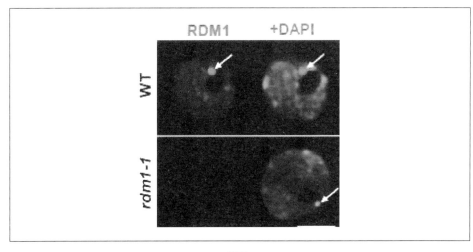

彩图4

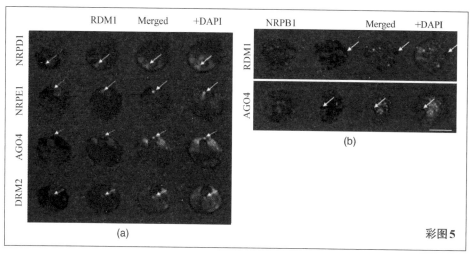

彩图 5

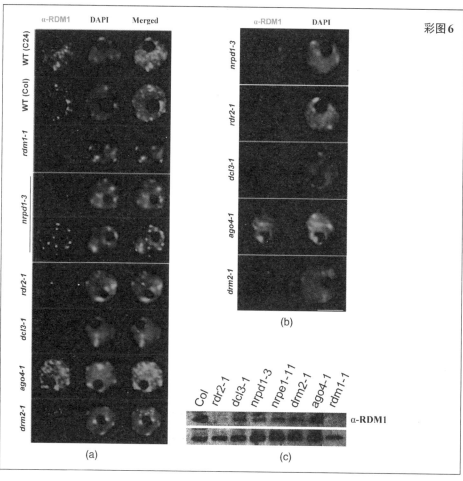

彩图 6

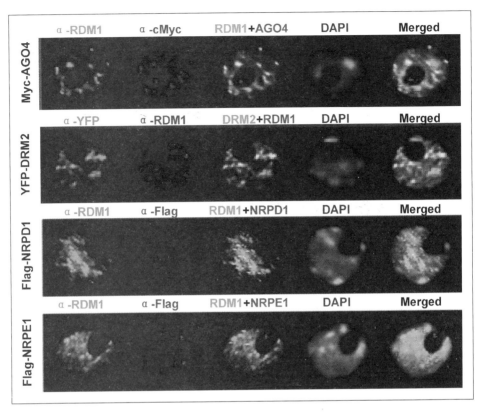

彩图 7

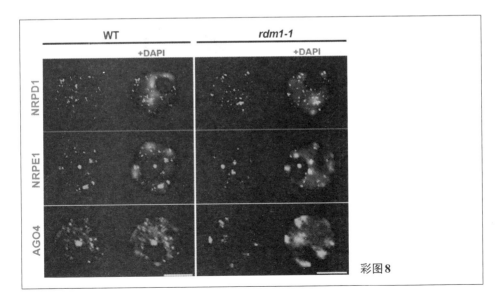

彩图 8

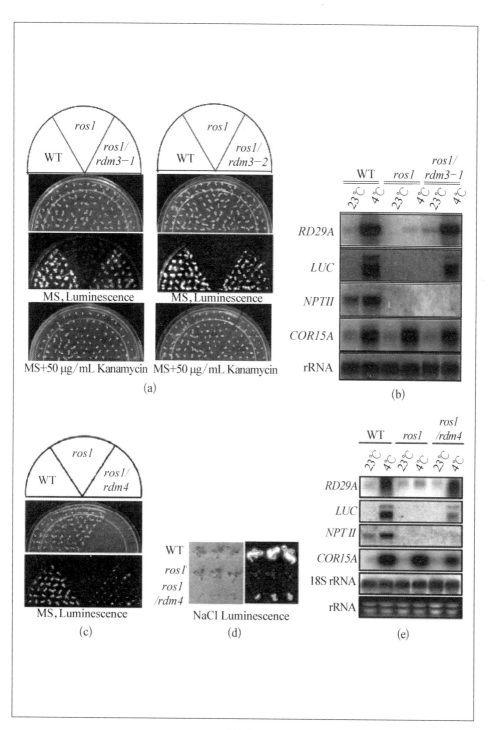

彩图9

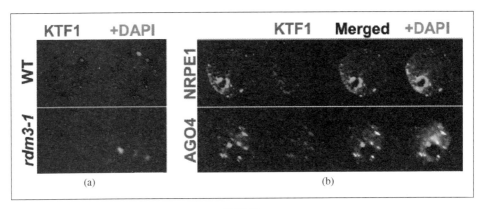

彩图10

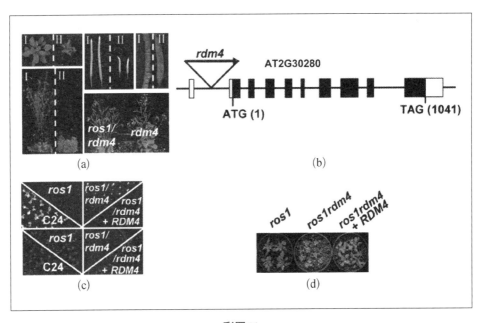

彩图11

后　记

　　时光飞逝,我的博士生活已经过了三年半,在同济大学的一年多和美国加州大学河边分校的两年时间里,深深体会到了生命科学的奥妙与博大,也真正体会到了科研工作的辛苦与艰难,但是同时我也感受到了科学实验带来的兴奋和喜悦。在此书完成之际,向所有曾经指导、帮助和关怀过我的老师,同学和亲人朋友表达我深深的谢意。

　　首先衷心感谢导师祝建教授和朱健康教授,是他们教导我如何成为一名科研工作者。两位教授渊博的学识,严谨的治学作风,谦和乐观的生活态度和宽厚待人的处世方式都使我由衷地敬佩,更是我学习的楷模。衷心地感谢恩师,你们的教诲使我终身受益。

　　衷心感谢河边分校朱健康实验室里工作的 Becky,在实验、生活上的巨大帮助,使我终身难忘。

　　感谢所有在健康实验室工作和学习过的老师和同学们,尤其是与博士后高志欢(RDM1 研究工作与他共同主要来进行),博士后何新建(RDM3 和 RDM4 的研究工作是参与 Dr. He 的研究项目),张守栋,钱伟强,还有战祥强博士等两年的朝夕相处,我从他们每个人身上学习到很多。

　　还要感谢 Washington University, Dr. Olga Pontes(RDM1 与

AGO4，Pol Ⅱ 和 DRM2 共定位）和 Dr. Craig S. Pikaard；Austrian Academy of Sciences，Dr. Marjori Matzke（rdm1 - 4 是她实验室发现的，附录 A 图片是由她们提供）；University of California，Los Angeles，Steven E. Jacobsen；CNRS/IRD/Université de Perpignan，France，Dr. Thierry Lagrange。他们的帮助使得实验顺利进行，在这里表示感谢。还要十分感谢钱洁老师在实验过程和生活方面的真心帮助。钱老师严谨求实，乐于助人，对科研工作充满热情，是我学习的榜样。感谢汪世龙老师、郑福辉老师、刘志学老师和汤桂红老师在学习与工作中的指导和帮助。感谢师弟吴建铭、于洋、李飞、王广超、冯振华等对我的帮助和关怀。

感谢我挚爱的父母、亲人和朋友，你们的关爱和支持给了我克服困难的勇气，是我前进的动力和力量的源泉。

刘海亮